KB088381

MECHANICAL SYSTEM DESIGN
AND GRAPHICS

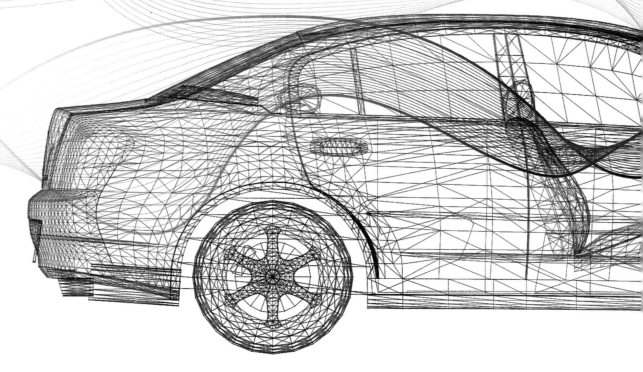

CAD에 의한

기계시스템설계
및 그래픽스

| 장승호 지음 |

한티미디어

| 저자 약력 |

장승호
(일본) 東京大學 공학계연구과 박사
한양대학교 대학원 정밀기계공학과 석사
한양대학교 공과대학 기계공학과 학사

현재: 경희대학교 공과대학 기계공학과 교수
(미국) MIT(Massachusetts Institute of Technology) 교환교수
(한국) KAIST(과학기술원) 기계공학부
(일본) 東京大學 공학부 기계공학과 Post-Doc.
현대건설 해외 플랜트 사업본부
공공기관 면접위원 역임
기술고시 출제위원 역임

수상
1987년 국비 문부성(일본) 장학생 선정
1996년 한국 섬유공학회 논문상 수상

연구분야
기계진동학, 기구학, CAD/CAE, 설계공학, 메커트로닉스, 지능기계

저서
기구학개론(문운당), 기구시스템해석(경희대학교 출판국), 알기 쉬운 시스템(도서출판 인터비젼), 진동학(경희대학교 출판국), 감성공학의 세계(도서출판 인터비젼), 진동학의 이해(문운당), Auto CAD 연습 및 응용(경희대학교 출판국), 공학도를 위한 기계진동학(문운당), 그래픽 및 공학설계(문운당), 공학설계를 위한 센서의 이해와 메커트로닉스 시스템(문운당), 기구학(문운당), 알기 쉬운 로봇시스템 입문(홍릉과학출판사), 알기쉬운 기계진동학-이론해석과 실전응용(공감북스), 공학도를 위한 오토캐드 2018 실전연습 및 3차원모델링(공감북스) 외 다수의 국내논문 및 SCI급 국제논문.

CAD에 의한 기계시스템설계 및 그래픽스

발행일   2019년 11월 15일 초판 1쇄
지은이   장승호
펴낸이   김준호
펴낸곳   한티미디어 | **주소** 서울시 마포구 동교로 23길 67 3층
등 록   제15-571호 2006년 5월 15일
전 화   02)332-7993~4 | **팩 스** 02)332-7995
ISBN   978-89-6421-383-4 (93550)
가 격   22,000원

마케팅   박재인 최상욱 김원국 | **관 리** 김지영 문지희
편 집   김은수 유채원 | **본문** 이경은 | **표지** 유채원

이 책에 대한 의견이나 잘못된 내용에 대한 수정 정보는 한티미디어 홈페이지나 이메일로 알려주십시오.
독자님의 의견을 충분히 반영하도록 늘 노력하겠습니다.
홈페이지 www.hanteemedia.co.kr | **이메일** hantee@hanteemedia.co.kr

PREFACE

최근 기업과 산업현장에서는 정보화/자동화가 매우 급속히 진행되고 있다. 또한, 자동차, 항공기, 선박, 플랜트 등 각종 기계제품이 고속화/정밀화/고성능화/소형화됨에 따라 산업현장과 학계에서의 CAD, 시스템설계 그리고 그래픽스의 중요성에 대한 인식이 더욱더 커지고 있다. 본인은 약 27년간 대학에서 CAD, 시스템설계, 그래픽스 관련된 과목들을 강의하면서 여러 권의 국제 전문학술서적을 번역하여 학부생과 대학원생을 가르쳐보았으나, 대부분의 교재가 대학교 학부생 교육용으로는 수준이 너무 높거나, 분량이 너무 많아 한 학기에 소화하기에는 어려움이 많았다. 이런 연유로 교재를 여러 번 바꾸어 보기도 하였으나, 각 교재마다 장점과 단점을 가지고 있어, 충분한 만족감을 주지 못해 새로운 교재를 집필할 필요성을 느끼게 되었다.

이 책은 제1장에서는 기계시스템설계의 방법론에 관련된 내용으로서, 시스템 어원의 유래 및 의미, 시스템의 다양성, 시스템의 조건, 시스템의 흐름, 시스템의 구성, 새로운 시스템의 탄생과정, 시스템설계의 방법론, 강구조 시스템, 유구조 시스템, 개념설계를 위한 아이디어 창출법, 제품구상 및 브레인스토밍, CAD/CAM/CAE의 정의 및 설계 프로세스, CAD의 필요성 등을 다루고 있다. 제2장에서는 일반적인 범용컴퓨터의 하드웨어 및 소프트웨어와 관련된 내용으로서, 중앙처리장치, 보조기억장치, 입출력장치, 컴퓨터의 내부구조, 운영체제, 가상기억장치, 컴퓨터 내부에서의 데이터의 표현방법 등을 다루고 있다.

그리고 제3장에서는 CAD시스템의 하드웨어 및 소프트웨어와 관련된 내용으로서, 그래픽입력/출력장치, 기하학적 형상 모델링, 해석 모듈, 그래픽스 모듈, 설계 데이터베이스, 맨/머신 인터페이스, 자유곡선 및 자유 곡면 등을 다루고 있다. 제4장에서는 기계시스템설계를 수행하기 위한 기하학적 형상 모델링과 관련된 내용으로서, 와이어 프레임 모델, 서피스 모델, 솔리드 모델 등을 다루고 있다. 부록에는 시스템설계/공학의 창시자, 만다라 시스템, 인류가 유사 이래 추구해온 것들, FERGUSON곡선 및

BEZIER 곡선 프로그램, 논리게이트, 플립플롭, CAD 관련 용어들을 수록하였다. 이 책을 통하여 4년제 대학의 학부생들이 기계시스템설계/CAD/그래픽스의 기본 개념을 더욱 쉽게 이해할 수 있으리라 생각한다.

2019년 11월 15일

저자 장승호

CONTENTS

CHAPTER 4 기하학적 형상 모델링

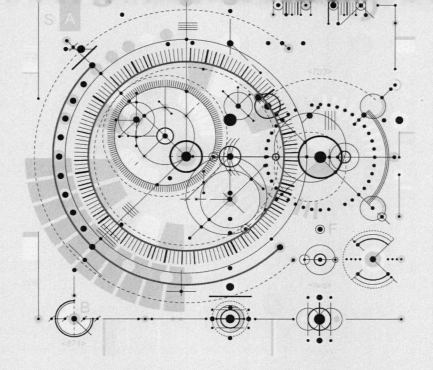

1

시스템설계(system design)에 시스템공학(systems engineering) 적용

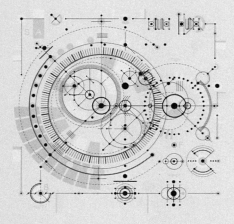

1.1 시스템(system) 어원의 유래 및 의미

기계시스템을 적절히 설계하기 위해서는 기계장치에 대한 시스템 마인드(system mind)가 있어야 한다. 먼저, 시스템이란 단어의 유래에 대하여 알아보기로 하자. 우리 주변에 시스템이란 단어가 들어 있는 말 중에는, 누구나 잘 알고 있는 태양계(solar system)라는 단어가 있다. 이는 코페르니쿠스가 지동설을 주창하면서 "태양의 주위를 지구를 비롯한 많은 행성들이 매우 조직적으로 선회운동을 하고 있는 상태"를 시스템이라고 한 것에서 기인한 것이다. 문헌에 의하면 이것이 가장 오래전부터 사용되어온 "시스템"이라고 하는 용어로 볼 수 있으며, 시스템(system)이라고 하는 어원의 유래라고 할 수 있다.

이밖에도 우리의 주변에는 대단히 많은 시스템들이 있다. 예를 들어 컴퓨터시스템, 항공시스템, 우주개발시스템, 도난예방시스템, 정보시스템, 비행기/버스 좌석예약 시스템, 쓰레기처리시스템, 지식시스템, 학문시스템, 환경시스템, 의료시스템 등이 이에 해당한다. 시스템(system)이라는 단어를 하나의 우리말로 번역하기는 대단히 어렵만 굳이 번역한다면 a) 계(系), b) 체계(體系), c) 조직(組織), d) 제도(制度) 그리고 e) 계통(系統)과 같은 것이 될 것이다. 그러나 이들은 모두 시스템이란 단어의 의미 중 일부분을 설명하고 있을 뿐이며, 우리가 평상시 사용하고 있는 "시스템이라고 하는 말"의 어감에 딱 들어맞는 것은 하나도 없다. 따라서 시스템이라고 하는 말은 외래어 그대로 "시스템"이라고 쓰는 것이 가장 좋을 것으로 사료된다.

그림 1.1   태양계(Solar System): 태양계란 태양의 인력에 의해서 태양 주위를 질서정연하게(조직적으로) 돌고 있는 여러 천체들의 집합을 말한다. 9개의 태양계 행성 중 태양에 가까운 수성, 금성, 지구, 화성 등 네 개의 행성은 표면이 암석으로 이뤄진 '지구형'이며, 상대적으로 이들보다 먼 곳에 있는 목성, 토성, 천왕성, 해왕성 등은 가스층으로 뒤덮인 '목성형' 행성이다(참고로 태양계 전체 질량 중 태양은 99.86%에 해당하며, 목성과 토성이 나머지 질량의 90%를 차지하고 있다. 따라서 나머지 천체들의 질량은 태양계 내에서 매우 작은 값에 해당한다).

1.2 시스템공학에서 다루는 문제와 시스템설계의 응용분야

시스템설계를 적절히 수행하기 위해서는 시스템공학에 대해서 정확히 이해하여야 한다. 시스템공학이 무엇을 어떻게 하는 것이냐를 한마디로 설명하기란 대단히 어렵지만, 카우보이들의 소떼 몰이 과정을 통해 개략적으로 알아보기로 한다. 카우보이들이 수백 마리의 소떼를 몰고 A라고 하는 지점에서 B라고 하는 지점으로 이동해 가는 과정을 생각해보기로 하자. 평소에는 매우 유순한 소들이지만 어떤 계기로 인하여 소들이 놀라게 되어 어떤 임의의 방향으로 달리기(폭주하기) 시작하면 진행방향에 존재하는 모든 것을 짓밟으며 매우 무섭게 돌진하는 경향이 있다. 그러나 숙련된 카우보이들은 합심하여 이를 멋지게 저지한다. 카우보이들은 이 작업을 단순히 힘으로만 하는 것이 아니라 소떼를 적절히 컨트롤함에 있어서 그들만의 노하우가 있는 것이다.

지금까지의 과학/기술 분야에 있어서는 해결하기 대단히 어려운 문제(난제)에 봉착하게 되면 대상물을 매우 잘게 분해하여 이들을 하나씩 분석함으로써 해결책을 얻어 왔다. 유전자공학, 핵물리학 등은 그 전형적인 예이며, 기계공학에서도 이와 동일한 방법을 사용하여 왔다. 그러나 이와 같은 분석법이 모든 문제에 대한 만능 해결책이라고 볼 수는 없다. 예를 들어 전술한 바와 같이, 주변에 존재하는 모든 것을 짓밟으며 매우 무섭게 폭주를 하고 있는 소떼를 적절히 컨트롤하기 위하여 소떼를 분해하면 한 마리의 소가 될 것이다. 또한 이 한 마리의 소를 분해하면 소의 신체를 구성하는 각종 장기, 세포, 유전자 등이 될 것이다. 그러나 이와 같은 방식으로 소를 아무리 잘 분해하고, 이를 분석해도 소떼의 폭주를 적절히 막는 방법을 찾을 수는 없을 것이다. 한 무리로서의 소의 성질은 한 마리의 소의 성질과는 전혀 다를 수 있으며, 카우보이들은 한 마리가 아닌, 한 무리로서의 소의 성질을 경험적으로 잘 파악하고 있는 것이다. 또한 카우보이들은 이를 적절히 이용하여 소떼를 자유자재로 컨트롤 하는 것이다. 즉, 소를 잘게 분해하는 것으로는 카우보이들은 그들의 목적을 달성할 수 없다.

즉, 시스템공학이란 한마디로 소떼를 모는 과정에서의 카우보이들의 일과 유사하다고 볼 수 있다. 일반적으로 현미경(micro-scope)이나 망원경(tele-scope)은 모두 작은 물체를 크게 확대하는 기구이다. 이에 반하여 macro-scope는 큰 물체를 축소하여 전체적인 모양을 쉽게 파악하기 위한 것이다. 그러나 사실은 macro-scope라고 하는 안경은 이 세상에 존재하지 않으며, 굳이 유사한 것을 찾는다고 하면 카메라에 부착하는 광각렌즈가 이에 해당할 것이다.

오늘날 설계공학을 비롯한 인류사회가 당면한 과제들은 매우 복잡하고 다양하다고 할 수 있다. 이와 같이 복잡/다양한 문제 또한, 지금까지 공학/과학 등에서 일반적으로 사용하던 분석적인 수법(micro-scope 등을 이용한 수법)은 때에 따라서는 문제를 더욱더 복잡하게 만들 수도 있으며 해결책으로 이어지기는커녕, 잘못된 결과를 얻게 되는 원인이 되는 경우도 종종 있다.

따라서 이처럼 복잡한 문제들을 적절히 해결하기 위해서는 문제 자체를 단순하면서도 종합적으로 볼 수 있는 macro-scope적인 사고방식(비전)이 필요하다고 할 수 있다. 시스템공학이란 어떤 의미에서는 전술한 macro-scope에 대한 방법론이라고 볼 수 있다. 즉, 좁고 깊게 파고 들어가는 방법을 연구해온 것이 지금까지의 공학/과학에서의 방법론이었다고 한다면, 시스템공학이란 보다 높은 곳에서 보다 넓게 사물을 관찰하고 이를 통하여 해결책을 강구하는 방법론이라고 할 수 있다. 기계시스템설계 또는 기계공학에서도 이와 같은 방법론이 매우 중요하다고 할 수 있다.

그림 1.2 소떼 몰이

그림 1.3 한 마리의 소 및 DNA

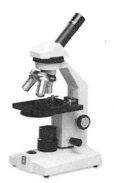

그림 1.4 현미경

그림 1.5 광각렌즈(wide angle lens)

일반적으로 시스템공학/시스템설계에서 다루는 문제는 다음과 같이 세 부류로 나눌 수 있다.

(1) Well defined problem

이는 설계하고자 하는 대상물에 대한 정성적인 내용이 명확히 파악되어 있으며, 또한 대상물의 거동을 수학적 모델로서 표현이 가능한 경우이다. 예를 들어 스페이스셔틀, 각종 플랜트 설계/건설, 아폴로계획 등 순수 기술적인 시스템이 이에 속한다고 할 수 있다.

(2) Poor defined problem

이는 해결 또는 설계하고자 하는 대상물에 대한 정성적인 내용은 파악되어 있으나, 대상물의 거동을 수학적 모델로서 표현할 수 없는 경우이다. 예를 들어 각종 사회시스템에 대한 문제, 또는 순수 기술시스템에서도 개발 초기이어서 어디에서부터 손을 대야 할지 막막한 경우가 이에 해당한다.

(3) Undefined problem(ill defined problem)

이는 해결 또는 설계하고자 하는 대상물의 특징을 정성적으로조차도 파악하기 어려운 문제로서, 구체적으로 말하면 사람을 대상으로 하는 문제들이 이에 속하는 경향이 있다. 특히 사람의 "마음"에 관한 문제는 모두 이 부류에 속한다. 사회시스템은 물론이고 순수 기술시스템조차도 그 배경이 되는 도시, 사회, 환경 등 인간의 문제를 무시할 수 없는 경우가 많다. 이들 문제를 해결하기 위한 구체적인 방법은 아직 개발되어 있지 않으며, 인간의 마음에 관한 문제를 다루는 방법론은 대단히 어려운 대상이라고 할 수 있다.

이와 같은 시스템공학 또는 시스템설계의 응용 분야를 정리하면 다음과 같다.

(1) 기계공학/자동제어

자동화시스템, 항공관제시스템, 예측시스템, CAD시스템, 진단시스템, Process제어시스템, 무인공장시스템, 차세대 자동차, 생산관리시스템

(2) 로봇공학/컴퓨터

메커트로닉스 시스템, 자동제어 시스템, 신소재 시스템, 인공지능 시스템, 액추에이터

(3) 환경공학/공해

쓰레기처리 시스템, 건설 시스템, 환경오염방지 시스템, 방재시스템, 공해예방 시스템

(4) 생체공학/의료

생체모델 시스템, 사고모델 시스템, 인공장기 시스템, 의료시스템, 인간행동 예측시스템, 병원시스템

(5) 도시공학/사회

도시시스템, 교통시스템, 교육시스템, 정책결정 시스템, 의사결정 시스템, 종합계획 시스템, 경제시스템, 유통시스템

(6) 정보공학/서비스

데이터뱅크 시스템, OA, 행정서비스, 방범시스템, 정보서비스 시스템, 은행, 증권, 좌석예약 시스템, 정보검색 시스템

그림·1.6 시스템설계의 응용 분야로서의 항공관제시스템: 비행장 내 또는 그 주변 공역에서 항공기의 항행안전을 담당하는 시스템. 항공기사고는 자칫 대형사고로 어질 수 있으며, 한번 발생하면 매우 치명적이기 때문에 대단히 조직적이고 완벽하게 시스템을 구성하여야 한다.

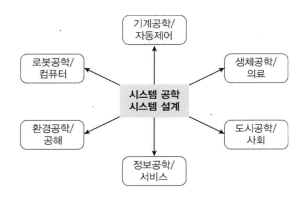

그림 1.7 시스템설계/시스템공학의 응용 분야

1.3 시스템의 네 가지 조건

다음으로 시스템의 조건에 대하여 알아보기로 하자. 일반적으로 시스템이라고 불리기 위해서는 다음과 같은 네 가지 조건을 만족하여야 한다.

(1) 두 개 이상의 요소로 구성되어 있을 것

단 하나만의 요소(분필, 지우게, 막대, 빗자루 등)로 이루어진 것은 시스템이라고 할 수 없다. 이것은 단지 요소(element)라고 하며, 시스템이라고 하기에는 적어도 두 개 이상의 요소가 있어야 한다. 일반적으로 자동차, 선박, 항공기, 가전제품 등 우리 주변에 존재하는 실제의 기계시스템은 수천 개에서 수만 개의 요소로 이루어지는 경우가 많다.

(2) 요소 상호 간에 역할(기능)이 정해져 있을 것

시스템에 있어서는 각 요소 간의 결합과 이들 요소 상호 간의 기능/역할이 매우 구체적으로 정의되어야 한다. 서로 전혀 다른 영역에 존재하던 요소들이 어떤 일정한 조건 하에서 새로이 결합됨으로써 새로운 개념의 기계시스템이 탄생하는 경우가 많다.

(3) 목적을 가지고 있을 것

전술한 바와 같이 시스템에 있어서는 "목적"이 매우 강조된다. 시스템의 목적은 막연하여서는 안 된다. 즉, 시스템의 목적은 가능한 한 구체적이며 정량적으로 서술되어야 한다.

(4) 시간적으로 순서가 있을 것

시스템은 시간적으로 순서에 따라 처음에는 이것 그리고 다음에는 저것 등과 같이 시간의 흐름에 따른 순서가 명확히 존재하여야 한다. 시스템은 어떤 상태만으로 존재하는 것이 아니라 시간적인 흐름으로 지정될 수 있어야 한다. 즉, 단지 어떤 임의의 형태로 그냥 존재하는 것만으로는 시스템이라고 할 수 없다.

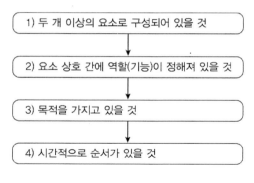

1) 두 개 이상의 요소로 구성되어 있을 것

2) 요소 상호 간에 역할(기능)이 정해져 있을 것

3) 목적을 가지고 있을 것

4) 시간적으로 순서가 있을 것

그림 1.8 시스템의 네 가지 조건

시스템의 대표적인 예로서 전력시스템(전력계통)에 대하여 살펴보기로 한다. 전력시스템에서의 네 가지 조건은 다음과 같다.

(1) 두 개 이상의 요소로 구성되어 있을 것

발전기, 변압기, 송전선 그리고 공장이나 가정

(2) 요소 상호 간에 역할(기능)이 정해져 있을 것

발전기는 전기를 생산하고, 변압기는 발전된 전기의 전압을 고압 또는 저압으로 변압하며, 송전선은 이 전기를 공급하고, 각 공장 또는 가정은 전기를 소비하는 역할을 한다.

(3) 목적을 가지고 있을 것

전력시스템은 각 가정과 공장에 전기를 생산/공급한다고 하는 목적을 갖고 있다. 즉, 전력시스템은 "전력을 공급하기 위한 명확한 목적"을 가진 것으로 전기가 발전소에서 생산되면 변전소를 거처 소비자인 각 공장과 가정에 공급되는 것과 같이 "어떤 목적을 가진 흐름"의 형태를 갖는다.

(4) 시간적으로 순서가 있을 것

"먼저 발전기가 전기를 생산하면, 다음으로 변압기는 발전된 전기를 고압 또는 저압으로 변압하고, 이어서 송전선은 이 전기를 각 공장 또는 가정에 공급한다."라는 식으로 전력시스템의 요소들 간에는 시간적인 순서가 있다.

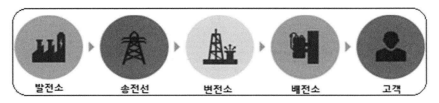

그림 1.9 전력시스템

다음으로 기계공학의 기구학(기구 메커니즘)에서 다루는 슬라이더 크랭크 메커니즘(slider crank mechanism)에 있어서의 이들 네 가지 조건에 대하여 알아보기로 한다.

(1) 두 개 이상의 요소로 성립되어 있을 것

슬라이더, 크랭크, 연결봉 등

(2) 요소 상호 간에 역할(기능)이 정해져 있을 것

슬라이더는 왕복운동기능, 크랭크는 회전운동기능, 연결봉은 슬라이더의 운동을 크랭크에 전달하는 기능 또는 역할이 있다.

(3) 목적을 가지고 있을 것

슬라이더 크랭크 메커니즘은 회전운동을 왕복운동으로 변환시키는 목적 또는 왕복운동을 회전운동으로 변환시키는 목적을 가지고 있다.

(4) 시간적으로 순서가 있을 것

"먼저 크랭크가 회전하면 연결봉이 이 회전운동을 슬라이더에 전달하고 슬라이더는 왕복운동을 한다." 또는 "슬라이더가 왕복운동하면 연결봉이 이 운동을 크랭크에 전달하고, 이 힘에 의하여 크랭크는 회전운동을 한다."는 식으로 시간적으로 명확한 순서가 있다.

그림 1.10 슬라이더 크랭크 메커니즘

1.4 새로운 (기계)시스템의 탄생과정

시스템설계에 있어서 일반적으로 적용되는 "새로운 시스템의 탄생과정"은 다음과 같은 단계를 밟는다.

- 제1단계 : 문제점의 지적(기존의 기계장치 또는 사회의 결함 지적).

  예 각종 기계장치의 성능/불량품 발생의 문제, 교통체증문제, 쓰레기처리문제, 공해문제, 재래시장의 문제 등

- 제2단계: 문제를 해결하기 위한 기존의 지식을 조사/분석.

- 제3단계: 각각의 기존 기술/지식을 체계적으로 조합.

- 제4단계: 새로운 시스템의 탄생.

먼저 새로운 시스템의 탄생시키기 위한 제1단계로서 기존의 기계장치 또는 사회구조 등의 결함, 예를 들어 각종 기계장치의 성능/불량품의 문제, 교통체증문제, 쓰레기처리문제, 공해문제 등을 날카롭게 지적하여야 한다. 다음으로 제2단계에서는 이들 결함을 적절히 해결하기 위한 기존의 지식(이미 연구/개발된 지식)들에는 어떠한 것이 있는가를 조사/분석한다. 이는 제1단계에서 지적한 결함을 해결하기 위하여 유용한 어떤 지식이, 현재 우리 주변에 존재하고 있는지, 또한 어떤 기술이 이용 가능한지를 조사/수집/분석하는 것이다(이들 지식들은 국내뿐만 아니라 국외(미국, 일본, 독일 등)에 존재하여도 됨.). 제3단계는 각각의 기존 기술/지식을 유효하게 체계적으로 조합하는 과정이다. 이 단계에서는 이미 알려져 있는 기술과 지식을 보다 체계적으로 조합하여 목적하고 있는 미해결의 문제를 해결해 나가는 수법을 활용한다. 이와 같은 과정을 통하여 마침내 인류사회를 보다 풍요롭게 해줄 유용한 새로운 (기계)시스템의 탄생하게 된다(제4단계).

전술한 바와 같이 시스템이란 다수의 구성요소들에 의하여 만들어진 하나의 집합체이다. 따라서 시스템설계/공학은 개개의 요소에 대한 것을 다루기보다는 개개의 요소를

보다 효과적으로 조합하여 시스템 전체의 효율을 극대화하는 데 중점을 두는 학문 분야라고 할 수 있다. 또한 대부분의 기계공학 분야(예를 들어 열역학, 유체역학, 재료역학, 진동학 등)의 과목들의 연구에 있어서는 그 진위(사실) 여부의 판정에 있어서 자연이 그 옳고 그름(열/유체의 유동 현상, 진동 현상, 재료거동현상 등)을 판정해주지만, 시스템공학에 있어서는 인간이 그 옳고 그름(자동차, 로봇, 핸드폰, 로봇, 메카트로닉스 제품)을 판단해주는 것이 특징이다.

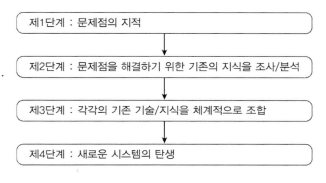

그림 1.11 새로운 (기계)시스템의 탄생과정

그림 1.12 교통체증 문제의 지적

그림 1.13 교통체증을 해소하기 위하여 개발된 고속도로 하이패스 단말기 시스템: 하이패스는 고속도로 출입로에서의 교통체증을 시스템 공학적으로 해결한 좋은 연구사례로 볼 수 있다.

1.5 시스템의 예로서의 슈퍼마켓과 백화점

다음으로 시스템설계/시스템공학을 이용하여 자연 발생적인 재래시장을 슈퍼마켓/백화점으로 변모시키는 과정에 대하여 알아보기로 한다. 먼저 재래시장(동대문시장, 남대문시장 등)에 가서 오늘 저녁 메뉴로서 불고기 요리를 준비한다고 가정해 보기로 한다. 불고기 요리를 하기 위해서는 소고기/돼지고기, 채소, 양념, 김치 등이 필요하다. 자연발생적으로 만들어진 재래시장에는 정육점, 채소 가게, 젓갈류 등 김치 소매점, 주류가게, 옷가게, 서점, 빵가게, 생선가게, 서점, 건어물가게, 주차장 등이 이곳저곳에 산재해 있어서 불고기 요리에 필요로 하는 재료들만을 간단히 구입하기에 대단히 불편하다. 만일 주부들이 물건을 구입하기에 편리하도록 하려는 목적(전술한 시스템의 제3의 조건)을 설정하여, 이들 점포들의 배열을 재정리하면, 하나의 슈퍼마켓과 같은 구조가 될 것이다.

슈퍼마켓에는 정육코너, 생선코너, 양념코너, 건어물코너 등이 물건을 구입하기에 매우 편하도록 배열되어 있고 또한 마켓입구에는 각종 신상품 전시장과 갖가지 특가품 코너도 마련되어 있다. 이처럼 슈퍼마켓은 전체적으로 주부가 물건을 구입하기에 대단히 편리하도록 구성된 시스템이며, 백화점도 이와 같은 방식으로 모든 상품의 진열대 및 매장이 배치되어 있다. 슈퍼마켓을 예로 하여 1.3절에서 언급한 시스템의 네 가지 조건이 어떻게 이루어져 있는가를 고찰해 보기로 한다.

ⓐ 우선, 제1의 조건(두 개 이상의 요소로 성립되어 있을 것)으로 슈퍼마켓은 두 개 이상의 요소인 코너/점포들(생선코너, 과자코너, 채소/나물 코너 등)로 구성되어 있다.

ⓑ 각 코너/점포는 각각의 역할(생선공급, 과자공급, 채소/나물공급 등)에 따라 조건이 규정되어 있어서 점포끼리 유기적으로 연결되어 있다는 점이 제2의 조건이다.

ⓒ 슈퍼마켓의 목적은 분명(값싸고 편리하게 물건을 공급)하므로, 이것이 제3의 조건이다.

ⓓ 슈퍼마켓을 설계할 때는 주부/소비자들의 이동이 편리하도록 주부들의 동선을 고려하여야 한다. 즉, 주부들의 이동이 시간적으로 어떻게 이어지게 하는 것이 상품 판매/구매에 좋은가를 면밀히 관찰하여 각 코너를 배치하여야 한다. 이것이 전술한 제4의 조건이다.

따라서 자연발생적으로 만들어진 재래시장을 시스테마이즈(systemize)한 슈퍼마켓은 우리 주변의 대표적인 시스템이라고 할 수 있다. 이와 같은 관점에서 보면 자연발생적으로 형성된 도시(천년 고도)인 경주 또는 공주 등의 도시환경을 시스템화하면 분당 또는 일산 신도시와 같은 매우 효율적이고 쾌적한 도시가 된다고 할 수 있다.

그림 1.14 재래시장의 예

그림 1.15 슈퍼마켓의 예

1.6 강구조(剛構造) 시스템과 유구조(柔構造) 시스템

우리주변에 존재하는 다양한 시스템들을 분류하는 방법에는 다음과 같은 것들이 있다.

① 강구조인가 유구조인가에 의한 분류

② 부품의 수에 의한 분류

③ 목적에 의한 분류

④ 성숙도에 의한 분류

⑤ 인간이냐 기계이냐에 의한 분류

⑥ well structured인가 ill structured인가에 의한 분류

본 교재에서는 강구조 시스템과 유구조 시스템에 의한 분류에 초점을 맞추어 언급하기로 한다.

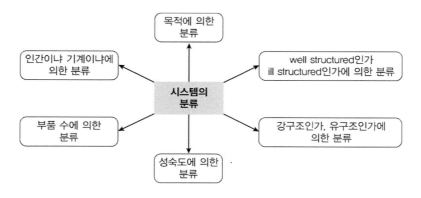

그림 1.16 시스템의 분류

1.6.1 강구조(剛構造) 시스템

시스템공학에서는 "하나의 목적을 정하고, 어떤 논리에 따라 이 목적을 수행해 나가는 메커니즘이 존재할 때", 이러한 메커니즘을 갖는 시스템을 「강구조 시스템」이라 한다. 즉, "어떤 임의의 목적을 설정하고 그 목적을 확실하게 달성하도록 구축된 시스템"을 강구조 시스템이라고 한다. 우리 주변에 존재하는 강구조 시스템에는 다음과 같은 것들이 있다.

① 동전교환기(목적: 지폐나 동전을 넣으면 이를 교환해줌)

② 믹서기(목적: 과일, 채소 등을 넣으면 즙이 되어 나옴)

③ 전화기(목적: 멀리 떨어져 있는 사람과 대화를 함)

④ 복사기(목적: 다양한 종류의 복사물을 효율적으로 처리함)

⑤ 시계(목적: 시간을 정확하게 나타냄)

일반적으로 신뢰성이 있는 기계라고 일컬어지는 기계는 모두 강구조 시스템이다. 이 기계들은 모두 부여한 목적을 확실하게 달성한다는 특징이 있다. 따라서 강구조 시스템이 되기 위한 조건은 다음과 같다.

(1) 목적 지향적일 것

동전 교환기는 지폐나 동전을 적절히 교환하기 위한 것이 그 목적이다. 예를 들어 천 원짜리 지폐를 넣으면 확실하게 열 개의 백 원짜리 동전이 나오고, 이천 원짜리 지폐를 넣으면 스무 개의 백 원짜리 동전이 나오도록 구성되어야 한다. 즉, 강구조 시스템은 목적이 확실하여야만 한다.

(2) 정량적일 것

동전교환기를 만들 때는, 천 원짜리 한 장으로 열 개의 백 원짜리 동전이 나와야 하는 것과 같이 수량적으로 정량화하여 나타낼 수 있어야 한다.

그림 1.17 강구조 시스템으로서의 믹서기 및 토스트

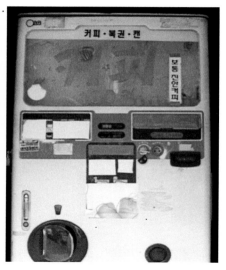

그림 1.18 강구조 시스템으로서의 자동판매기

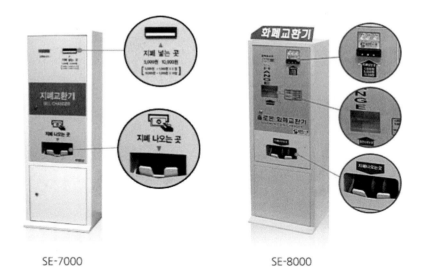

SE-7000   SE-8000

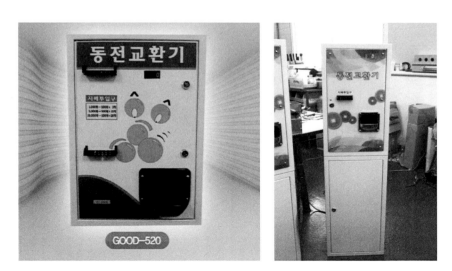

그림 1.19 강구조 시스템으로서의 동전교환기

그림 1.20 강구조 시스템으로서의 전화기

그림 1.21 강구조 시스템으로서의 시계

그림 1.22 강구조 시스템으로서의 복사기

1.6.2 유구조(柔構造) 시스템

강구조 시스템에서는 1) 믹서기는 과일(채소)을 넣으면 무조건 주스가 되어 나오고, 2) 복사기는 종이를 넣으면 복사물이 나오는 등 결과물(Output)이 단 한 가지였다. 이에 반하여 유구조(柔構造) 시스템은 결과물이 다양할 수가 있다. 유구조 시스템의 예로서 유아(청소년) 또는 인간에 대하여 알아보기로 하자. 유아 또는 인간은 1)교육환경, 2) 사회환경, 3)가정환경 등에 의하여 1)엔지니어, 2)범죄자, 3)사회지도자, 4)교육자, 5) 정치가, 6)예술인, 7)종교지도자 등 다양한 사람이 될 수 있다. 즉, 유구조 시스템이란 환경에 따라 구조 자체가 변해가거나, 여러 가지로 결과물이 달라지는, 말하자면 환경에 적절히 적응하는 환경 순응형이라고 할 수 있다.

그림 1.23 유구조 시스템으로서의 유아(청소년)

강구조와 유구조와의 차이를 튤립을 예로 들어 설명하여 보기로 하자. 기본적으로 튤립은 어떤 성장과정을 거칠 것인가 하는 것이 이미 처음부터 프로그램되어 있다(운명 지어져 있다)고 볼 수 있다. 요컨대 물을 주면 잎과 줄기가 나오고, 꽃이 피고, 씨앗이 생긴다. 이것이 튤립의 강구조 시스템적인 부분(목적 지향적, 일방 통행적)이다.

이에 대하여 튤립의 유구조 시스템에는 어떤 것이 있는가를 생각해 보자. 전술한 유구조 시스템으로서의 유아에서와 같이 튤립은 1)물을 주는 방식, 2)비료를 주는 방식, 3)주변 온도/습도의 변화, 4)햇빛의 방향 등에 의해 1)큰 꽃도 피고, 2)작은 꽃도 피고, 3)꽃이 오래갈 수도 있고, 4)빨리 시들 수도 있다(환경 순응적). 이것이 튤립의 유구조 시스템적인 부분이라고 말할 수 있다. 즉, 튤립에는 강구조 시스템적인 부분과 유구조 시스템적인 부분이 동시에 존재하는 것이다.

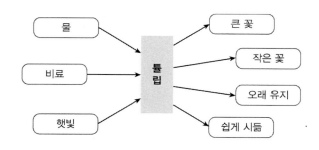

그림 1.24 유구조 시스템으로서의 튤립

그림 1.25 튤립: 시스템 공학의 강구조적인 부분과 유구조적인 부분을 모두 포함하고 있는 튤립. 튤립에 있어서의 싹 트임, 성장, 꽃의 결실 등은 강구조적인 부분에 해당하지만 일조량, 수분, 온도 등의 변수에 의하여 색이나 크기가 변하는 것은 유구조적인 부분에 해당한다.

다음으로 도시사회에 있어서의 쓰레기 처리시스템에 대하여 알아보기로 하자. 약 30년 전까지만 해도 쓰레기처리장이란 쓰레기를 무조건 소각처리해주는 곳이었다. 즉, 전술한 믹서기와 같이 과일을 넣으면 무조건 즙이 되어 나오듯이, 쓰레기(캔, 플라스틱 등을 구분하지 않음)를 소각로에 넣으면 소각된 재가 나오는 강구조 시스템이었다. 그러나 최근에는 상황이 다소 바뀌었다. 대량생산시대, 대량소비시대, 일회용품시대가 도래함으로써 막대한 양의 쓰레기가 대도시뿐만 아니라 농어촌에서도 나오고 있다. 과거와 같이 무조건 소각만으로는 감당할 수 없는 것이다. 쓰레기처리 환경의 변화의 원인을 찾아보면, 우선 양적인 면에서 대단히 많아졌다고 하는 것뿐만 아니라 쓰레기의 종류도 폐건축물 쓰레기, 오래된 가구, 세탁기, 냉장고, TV, 자동차 등 쓰레기의 형태가 점차 커지고 있다. 또한 예전에는 쓰레기(과거 농어촌 등에서의 쓰레기)라는 것은 대개 썩어서 자연스럽게 자연으로 환원되는 것이었지만, 최근에는 플라스틱과 같이 전혀 썩지 않거나, 태우면 유독 가스가 발생하는 것이 대부분이다.

과거에 만들어진 강구조(剛構造) 시스템으로서의 쓰레기처리 장치(무조건 소각)는 최근에는 유구조 시스템으로 변모하고 있다. 즉, 유구조 형식의 쓰레기처리 시스템이란 쓰레기를 1)재활용(다시 상품으로 환원됨), 2)매립(땅으로 환원됨), 3)소각(재로 환원됨) 등 다양한 형태로의 처리결과(Output)가 가능한 시스템이다. 이와 같이 시스템이 보다 스마트해지기 위해서는 강구조에서 유구조로 변모하여야 한다. 예를 들어 최근의 커피자동판매기 시스템은 과거 자동판매기가 개발되던 당시(무조건 진한 다방커피가 나옴)와 달리 소비자의 요구조건에 따라 블랙, 설탕, 설탕 및 크림, 아메리칸, 에스프레소 등 다양한 맛을 즐길 수 있는 유구조 시스템으로 변모하고 있다.

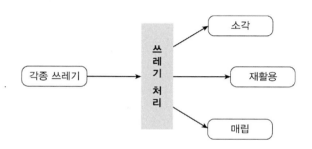

그림 1.26 유구조 시스템으로서의 쓰레기처리 장치의 개념

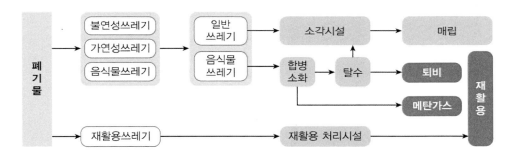

그림 1.27 쓰레기처리 유구조 시스템의 실제 구조

1.7 시스템공학/시스템설계의 방법론

전술한 바와 같이 시스템공학은 새로운 시스템을 설계하거나, 기존의 시스템을 분석하여 개선함으로써 보다 나은 시스템을 창출하기 위하여 사용되는 체계적인 사고방법이며 기술이라고 할 수 있다. 이 절에서는 시스템의 방법론, 즉 이미 알려진 시스템을 분석하거나, 또는 아직 존재하지 않는 시스템을 새로이 설계(창조)하는 경우에 사용하는 방법에 대하여 다루어 보기로 한다. 시스템공학은 그 방법론에 있어서도 독자적인 이론이나 기법을 가지고 있는 것이 아니라, 현재까지 여러 학문 분야에서 개발한 다양한 방법 중에서 각각의 대상에 적용하기 적절한 기법/수법을 선정하여 이용하고 있다. 본 교재에서는 시스템공학/시스템설계의 다양한 방법론 중에서 시뮬레이션(simulation, 모사), 최적화(optimization) 그리고 평가(evaluation)의 세 가지에 대하여 언급하기로 한다.

(a) 시뮬레이션(simulation)

시뮬레이션, 즉 모사라는 것은 일반적으로 사고실험(思考實驗)이라고 하는 단어로서 표현할 수 있다. 시뮬레이션이란 실물에 의하지 않고 머리 또는 컴퓨터를 이용하여 미래에 발생할 것에 대한 다양한 예측을 여러 경우의 수에 대하여 보다 구체적으로 많은 예시를 해가면서 복잡한 요소를 조합하여 비교 검토/고찰하는 것이다. 컴퓨터 시뮬레이션을 하기 위해서는 실세계에 존재하는 사물의 모델링(modeling) 과정이 필수적이다. 모델링이란 사물의 거동 또는 해석하고자하는 문제를 물리적, 수학적으로 표현(묘사)하는 것을 말한다.

(b) 최적화(optimization)

최적화란 하나의 시스템을 목적에 맞도록 가장 적당한 모양으로 마무리 짓기 위한 계획을 수립하는 것이다. 최적화의 대표적인 기법으로서는 선형계획법을 비롯하여 최소자승법, 최적 레귤레이터(regulator) 설계법 등 다양한 최적화 기법들이 실제 현장에서 사용되고 있다.

(c) 평가(evaluation)

예를 들어 전술한 최적화의 결과가 실제의 문제에 접하여 진정으로 유효한지 또는 이에 따른 부수 효과 또는 부작용에는 어떠한 것들이 있는지를 실험을 통하여 평가/판단하는 것을 말한다.

이와 같이 먼저 시뮬레이션(모사)을 행하고, 최적화를 실행하며, 또한 평가함으로써 그 결과를 다시 시뮬레이션하는 반복과정을 거치면서 시스템은 점차 세련되고 개선되어 간다. 우주개발시스템을 예로 하여 전술한 세 가지를 고찰하여 보기로 한다. 우주탐사 계획을 수립함에 있어서는 먼저 우주선의 발사/이동 궤도를 생각하고, 가장 안전하고 효율적인 발사/이동 궤도를 정확히 계산하기 위하여 컴퓨터를 이용하여 "시뮬레이션(simulation)"을 하게 된다. 즉, 이 과정에서는 컴퓨터 내부에 실세계에서와 동일한 발사조건으로 발사체(탐사선)의 발사/이동 궤도를 표현하고, 실제 발사상황에 대한 다양한 시뮬레이션을 한다. 발사 가능한 여러 궤도 중에서 어떤 궤도가 가장 효과적인 궤도인가를 알아내는 단계를 "최적화(optimization)"단계라고 할 수 있다, 다음으로 시뮬레이션을 통하여 찾아낸 최적화의 조건에 따라서 우주선을 실제로 발사하게 된다. 우주선이 발사된 다음에는 우주인이 우주에서 우주선의 이동 궤도를 적절히 수정하는 경우가 있다. 이를 "실행단계에 있어서의 최적화"라고 한다. 이 과정에서는 전술한 피드백(feedback)과 피드포워드(feedforward) 거동이 필요하게 된다. 마지막으로 우주에서의 다양한 임무를 수행하고 우주선이 무사히 지구에 도착한 후에는 이번 탐사계획의 결과에 대하여 최종적인 "평가(evaluation)" 행위가 이루어지며, 이 평가내용은 다음 우주탐사계획에 다시 활용된다.

시스템공학/시스템설계의 방법론이란 새로운 시스템창출에 있어서 과거에 이미 존재하고 있던 방법/기법들을 적극적으로 활용하고, 이를 보다 체계화하는 방법론(사상과 기법)이라고 할 수 있다. 전술한 바와 같이 시스템공학/시스템설계의 본질은 인류사회에 보다 유익한 시스템을 새로이 설계/창조하거나 또는 기존의 시스템을 보다 더 체계화(시스템화)하기 위한 노하우이다.

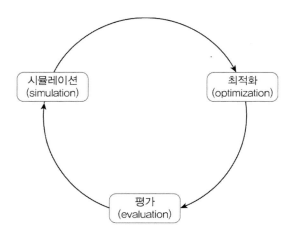

그림 1.28 시스템공학(시스템설계)의 방법론

그림 1.29 우주개발시스템

1.8 설계 프로세스(process)

우리 주변의 각종 기계제품의 설계프로세스를 그림 1.30에 표시하였으며, 그림 속의 각각의 프로세스에 대하여 알아보기로 한다. 설계프로세스는 일반적으로 제품구상, 개념설계, 기능설계(기본설계), 상세설계(제도), 시제품 제작 및 실험, 그리고 제조로 나눌 수 있으며, 이들 각각의 내용은 다음과 같다.

(1) 제품구상(concept design)

제품구상이란 새로운 제품의 구상을 하고, 제품에 대한 요구사양을 구체화하는 과정을 말한다. 이 과정에서는 대단히 많은 양의 두뇌 활동이 요구되며, 과거의 제품에 대한 성공사례, 실패사례 등이 다양한 측면에서 비교/검토된다. 후술하는 개념설계, 기능설계 등과 함께 설계의 상류(up-stream)라고 한다.

(2) 개념설계(preliminary design)

개념설계란 설계자의 생각을 종합하고 이를 구체화하는 설계단계를 말한다. 이 단계는 실행가능성 분석단계라고도 할 수 있으며, 이 단계에서는 특히 창조성과 혁신성을 요하며 현재의 CAD기술로는 이 단계를 완전 자동화하는 데에는 상당한 어려움이 있어, 부분적 자동화 또는 개념설계를 보조하는 수준이라고 할 수 있다. 또한, 이 단계에서는 경제적인 여건, 사회적인 여건, 제품의 안정성과 유지 보수성 그리고 주변 환경과의 조화성 등도 고려하여야 한다.

(3) 기능설계(function design, 기본설계)

이 단계는 전술한 개념설계를 보다 구체화하기 위하여 제품의 구조를 확정 짓고, 그 기능과 성능에 대하여 검토하고 해석/평가하는 단계이다. 이 과정에서는 기능, 작동법, 신뢰성, 안전성, 내구성해석도 포함되어야 한다. 이 단계에 있어서는 주로 FEM(유한요소법) 등을 이용한 수치해석을 통한 시뮬레이션을 하게 되며, 이는 1.7절의 a) 시뮬레이션(simulation)에 해당한다.

(4) 상세설계(detailed design)

이 단계는 기능설계에서 확정한 모든 사양(specification)을 도면화하는 과정이다. 이 단계에서는 제품을 구성하는 부품들의 조립성, 부품 간의 상호 위치관계, 기하학적 형상, 재료, 색상 등 제품의 모든 내용을 확정하여야 한다. 일반적으로 상세설계 이후의 설계활동을 하류(down-stream)라고 하며, 이는 1.7절의 b) 최적화(optimization)에 해당한다.

(5) 시제품제작 및 실험(mock_up and design verification, 설계검증)

설계검증이란 설계결과가 제품의 요구사양을 모두 만족시키고 있는지를 종합 평가하는 작업이다. 이 단계에서는 제품의 모든 기능, 구조에 대하여 정밀하게 검사하고, 생산품의 유행성, 패션, 핵심부품의 호환성 검사도 수행한다. 또한, 이 단계에서는 기능설계에서의 설계해석결과, 경험, 과거 사례 등을 이용하여 새로이 제작된 제품을 실험을 통하여 검증하고 판정하게 된다. 이는 1.7절의 c) 평가(evaluation)에 해당한다.

(6) 생산설계 및 제조(production design and manufacturing)

제조공정에는 부품의 가공, 조립 및 완제품의 검사 등이 포함되며, 일반적으로 제조공정으로 들어가기 전에 생산설계라고 하는 단계를 거친다. 생산설계란 제품을 보다 생산하기에 적합한 형태로 변경시키는 설계단계로서 전술한 상세설계에서 얻어진 설계결과물을 제품구상단계에서의 제품의 기본기능에 손상을 주지 않는 한도 내에서 약간의 변형을 주는 것을 말한다. 이 과정에서는 제품을 구성하는 부품들의 조립성, 부품 간의 상호 위치 관계 등도 함께 고려하여야 한다.

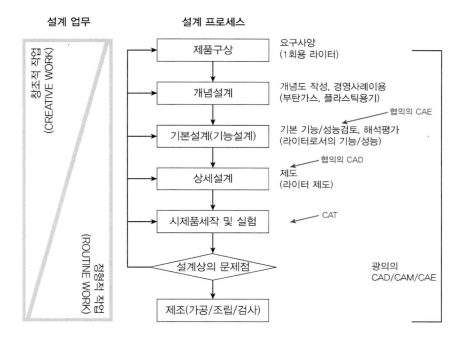

그림 1.30 설계 프로세스에 대한 흐름도

그림 1.31 성냥, 고급라이터(금속용기 사용) 및 일회용 라이터(플라스틱용기 사용)

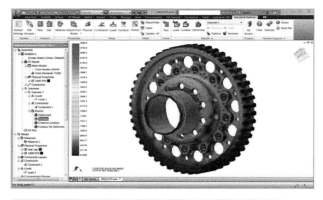

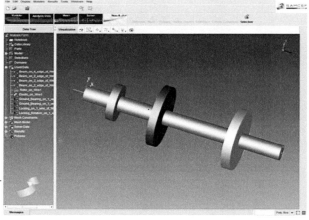

그림 1.32(a) 기계의 요소설계로서의 기어설계/회전축설계

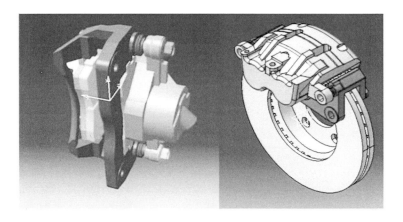

그림 1.32(b) 브레이크 시스템설계

그림 1.32(c) 자동차/항공기 시스템설계

기계공학에서 사용되는 용어 중에 "해석(analysis)과 종합(synthesis)"이라는 말이 있다. 여기에서 해석이란 열/유체유동해석, 진동현상해석, 재료파괴현상해석 등 기계요소들의 거동에 대한 해석이 이에 해당하며, 종합이란 이들 각각의 해석결과를 이용하여 하나의 새로운 기계시스템을 종합/창출하는 것을 말한다. 기계공학에서 일반적으로 다루는 기계요소(machine element/part)설계란 전술한 해석방법을 이용하여 기어설계(그림 1.32(a) 참조), 회전축설계, 유니버설조인트설계, 볼트설계, 너트설계, 베어링설계, 회전축설계, 벨트설계, 스프링설계, 감속기어설계 등 각종 기계요소를 설계하는 것을 말한다. 이에 비하여 기계시스템설계란 브레이크 시스템설계(그림 1.32(b) 참조), 자동차 시스템설계(그림 1.32(c) 참조), 항공기 시스템설계, 발전소 시스템설계, 컴퓨터 시스템설계 등 하나의 기계시스템을 체계적으로 설계하는 것을 말한다.

또 다른 예로서 우리가 각종 미디어를 통하여 자주 접하는 사람으로서 축구 국가대표 감독, 오케스트라 지휘자, 고급호텔의 주방장 등이 있다. 일반적으로 지휘자는 바이올린, 첼로, 하프 등 현악기뿐만 아니라 관악기, 타악기 등 각종 악기들의 음을 적절히 조합하여, 아름다운 멜로디를 만들어내는 능력이 있어야 한다. 또한, 축구감독은 센터포드, 골키퍼 등 공격수와 수비수들을 잘 조합하여 골을 만들어내야 하며, 훌륭한 요리사는 매운맛, 신맛, 단맛 등을 적절히 조합하여 맛있는 비빔밥 등 음식을 만들어내는 능력이 필요하다. 이때 이들 지휘자, 감독, 요리사에게 반드시 요구되는 것이 자기 분야의 각각의 구성요소들을 총체적/체계적으로 종합하는 능력이다(그림 1.33, 34 및 35 참조). 이와 유사한 원리로 새로운 기계제품설계에 있어서도 전술한 각종 해석능력뿐만 아니라 이들을 종합하는 능력이 대단히 중요하다. 따라서 각각의 제품마다 종합적인 것을 고려한 새로운 기계시스템 설계하기 위해서는 반드시 시스템 마인드가 있어야 한다.

그림 1.33 축구감독

그림 1.34 지휘자

그림 1.35 비빔밥

1.9 제품구상 및 개념설계 기법(아이디어 창출 기법)

새로운 제품의 개발을 위해서는 지금까지 갖고 있던 고정관념이나 사고방식을 바꿀 필요가 있다. 그 예로 청바지 제품의 개발에 대해 알아보기로 하자. 서부개척시대, 샌프란시스코에서 많은 양의 황금이 발견되었다. 자연히 이곳은 황금을 캐기 위해 모여드는 서부 사람들로 인산인해를 이루었고, 전 지역이 천막촌으로 변해 갔다. 이곳에서 크게 성공한 사업가가 리바이스 스트라우스(Levi Strauss)이다. 어느 날, 그에게 찾아온 군납 알선업자가 대형 천막 10만개 분량의 천막 천을 주문했다. 스트라우스는 빚을 내어, 공장과 직공을 늘려 밤낮으로 생산한 결과 3개월 만에 약속한 천막 천을 모두 생산했다.

그런데 군납의 길이 생각지도 않은 요인에 의하여 막혀버렸다. 또한, 그 엄청난 양의 천막 천을 군납 이외의 다른 곳에서 한꺼번에 사줄 곳도 없었다. 점차 시간이 흐르자 차입금에 대한 빚 독촉은 심해지고, 직공들은 월급을 안 준다고 아우성이었다. 스트라우스는 우연히 광부들이 옹기종기 모여 앉아 헤진 바지를 꿰매고 있는 것을 발견했다. 천막 천이라면 바지가 잘 닳거나 헤지지 않을 텐데 하고 생각하였다. 스트라우스는 그 순간 떠오른 아이디어를 실행에 옮겼다. 천막 천으로 광부들의 바지를 만들어 보기로 한 것이다.

이는 지금까지 갖고 있던 천막 천에 대한 고정관념을 스트라우스가 바꾼 것이고, 이로 인하여 오늘날 전 세계 젊은이들이 즐겨 입는 청바지를 개발하게 된 것이다. 상호 리바이스(Levi's)는 리바이 스트라우스가 자신의 이름을 따서 리바이의 바지(Levi's pents)란 뜻으로 만든 회사 이름(Levi Strauss & Co.)이고, 그림 1.36(a)는 청바지를 양쪽에서 말 두 마리가 잡아당겨도 찢어지지 않는다고 하는 것을 강조하기 위하여 만든 상표그림이다. 청바지는 개발 초기에는 면으로 만들었지만, 나중에는 데님 천 등으로 소재를 바꿔 만들어 시장에 판매하기 시작했다(후술하는 제품의 소재를 바꿔 보기 참조). 청바지는 섬유산업에서 성공한 예이고, 기계산업에 있어서도 이와 유사한 방식으로 지금까지 갖고 있던 고정관념이나 사고방식을 바꿈으로써 성공한 개발사례가 많이 있다. 그림 1.30에 나타낸 설계 프로세스에 대한 흐름도에서 신제품의 제품구상 및 개념설계 기법(아이디어 창출 기법)으로는 다음에서 제시하는 일곱 가지기법이 매우 유효하다.

그림 1.36(a) 리바이스(Levi's) 청바지

(1) 자료수집과 아이디어 기록을 철저히 하기

에디슨은 전구를 개발하면서 필라멘트의 재료를 찾기 위해 금속 6천 가지, 동물의 털을 탄화시킨 것 2천 가지, 식물의 섬유 2천 가지 등 무려 1만 가지의 재료를 수집하여 실험했다. 그래도 찾아내지 못하자 또다시 대나무 3백 50가지를 수집하여 실험한 결과, 성능이 뛰어난 필라멘트의 재료를 찾아내는 데 성공했다. 발명가 페인타는 병 안의 내용물이 상하지 않는 병뚜껑을 만들기 위해 코르크뚜껑, 고무뚜껑, 금속뚜껑 등 5년 동안 6백 종류의 뚜껑을 수집하여 1년간 비교 분석한 결과, 드디어 코르크에 금속판을 씌운 "왕관 병뚜껑"을 개발하는 데 성공했다. 즉, 세계적인 발명품 "왕관 병뚜껑" 또한 자료수집에서 시작되었던 것이다.

다음으로 아이디어는 떠오르는 즉시 기록하는 것이 좋다. 기록은 우수한 아이디어를 창출해 내기 위한 지름길이기 때문이다. 이를 위하여 늘 메모지와 펜을 지참하고 다니는 것이 좋다. 기록하지 않고 신제품 개발/발명에 성공한 사람은 한 사람도 없다고 할 만큼 중요한 요소다. 링컨은 모자 속에 종이와 연필을 넣고 다니며 다양한 구상을 했다고 한다. 슈베르트의 머릿속에는 항상 아름다운 악상이 흐르고 있어, 그의 손이 닿는 곳이면 모두 악보가 되었다. 식당의 메뉴판이나 자신의 옷, 혹은 타고 다니는 마차의 뒤에까지 기록했다고 한다. 역사적으로 유명한 발명가, 정치가, 음악가들은 모두 기록광이었다고 하는 말이 있다.

기록이라 하여, 무조건 기록만 해서는 그 효과를 충분히 볼 수 없다. 기록하는 방법에도 아이디어가 필요하다. 요점을 알기 쉽게 기록할 뿐만 아니라 스케치 정도의 그림을 덧붙여 두는 것이 좋다. 이러한 스케치는 백문이 불여일견이라고 하듯이 문장 이상으로 신제품 개발에 대한 창의력을 자극하고, 연상 작용을 하는 경향이 있다.

그림 1.36(b) 전구(에디슨)

(2) 기능에 기능을 플러스해 보기

이미 있는 것들에 새로운 아이디어를 추가하여 새롭게 조합하는 것도, 시스템공학에서는 또 다른 형태의 창조에 해당한다. 근래에는 수화기와 송화기를 한데 모은 전화기가 일반적이지만, 원래 전화기는 발명 당시에는 수화기와 송화기 따로 떨어져 있었는데, 이를 일체화해서 신제품으로 출시하였다. 이처럼 기능에 기능을 플러스한 신제품의 예는 다음과 같다.

ⓐ 휴대전화(전화기의 기능에 컴퓨터, 인터넷, MP3 등의 기능을 플러스한 것)

ⓑ 롤러스케이트(아이스 스케이트에 바퀴 기능을 부착한 것)

ⓒ 전등을 부착한 드라이버

ⓓ 끝에 지우개가 달린 연필

ⓔ 창 봉투(봉투의 표면에 셀로판을 붙여, 주소 등 내용물이 보이 도록 한 봉투)

ⓕ 목걸이 겸용 시계

ⓖ 망치 겸용 장도리

ⓗ 책장과 책상을 합친 가구

ⓘ 상의와 하의를 더한 원피스

ⓙ 시계에 전자계산과 간단한 오락까지 겸하도록 한 제품

ⓚ 샴푸에 린스의 효과와 비듬 제거를 더한 복합기능의 샴푸

ⓛ 시계겸용 라디오(시계에 라디오의 기능을 더한 제품)

그림 1.37 기존의 휴대화기의 기능에 컴퓨터, 인터넷, MP3, 카메라, 전자수첩 등의 기능을 플러스한 휴대전화

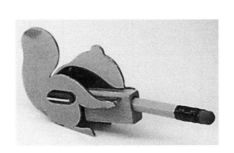

그림 1.38 지우개가 달린 연필과 롤러스케이트

(3) 기존제품의 기능과 용도를 바꿔 보기

위장내시경/대장내시경은 일반적으로 사용되고 있던 기존 카메라의 용도를 환자의 위장/대장의 내부를 촬영하는 것으로 용도를 변경함으로써 개발한 혁신적인 제품에 해당한다. 의사들은 이로 인하여 위장/대장의 통증을 호소하는 환자의 내부를 직접 관찰함으로써 적절히 진단/시술할 수 있게 되었다. 이는 위암/대장암의 조기 치료를 가능케 했을 뿐만 아니라, 이비인후과의 비경, 비뇨기과의 방광경, 정형외과/신경외과의 척추내시경 등에도 적용함으로써 의료기술을 진일보시키는 쾌거를 올린 것으로 평가된다.

또한, 주방용 싱크대의 수도꼭지를 길게 샤워기처럼 늘릴 수 있게 한 것은 목욕탕에서 사용하는 샤워기의 용도를 바꿔 본 예이다. 그리고 "다섯 발가락을 모두 분리한 양말"은 손 장갑의 용도를 바꿔 본 예이며, "벙어리장갑"은 양말의 용도를 바꿔 본 예에 해당한다. 즉, 기존제품의 기능과 용도를 다양하게 바꿔 봄으로써 대단히 다양한 신제품을 구상할 수 있다.

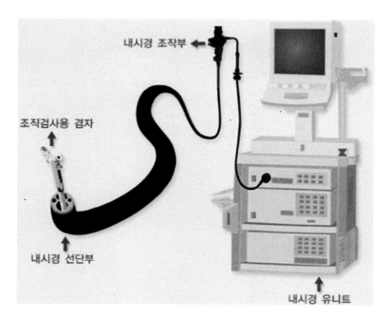

그림 1.39 위내시경

(4) 기존제품에서 필요 없는 것을 빼 보기

고급호텔이나 대형빌딩 입구 등에서 사용하는 회전문은 원래 내부가 4칸으로 분리된 회전문이었으나, 4칸에서 1칸을 빼낸, 3칸 회전문 또는 4칸에서 2칸을 빼낸, 2칸 회전문(그림 1.40 참조)을 개발함으로써 재료비와 제작비를 획기적으로 절감하였다. 또한, 샴푸는 양털을 세척하는 비누에서 인체에 해로운 독성을 빼냄으로써 개발한 물비누이다. 벽돌(block)도 마찬가지로 과거(로마시대)에 사용되던 건축용 블록에는 내부에 빈 공간이 없었으나, 시멘트 블록 내부에 2~3개의 공간을 만듦으로써 시멘트가 적게 들어가 경제적이고 가벼우면서도 수명은 더 길게 되었다. 다른 예로는 튜브 없는 타이어, 연통 없는 난로(연료를 완전 연소시킴으로써 연통을 없앴음), 시계의 문자표지판에서 숫자를 없앤 시계 등도 이에 해당한다.

그림 1.40 회전문

그림 1.41 시계의 문자표지판에서 숫자를 없앤 시계

(5) 타인의 아이디어/제품을 응용해 보기

시스템공학에서는 남의 아이디어를 계승 발전시키는 것도 하나의 새로운 시스템 창출에 해당한다. 이는 1.10절의 "제품구상/개념설계와 브레인스토밍"의 d) 항에 있는 "타인의 아이디어의 개선/결합은 해도 좋음"에 해당하며, 아이디어의 연쇄반응을 이용하는 것이다. 그 예로서 그림 1.42(a)에 나타낸 실내스키 연습장은 실내자동차 운전연습장을 응용한 경우에 해당한다. 또한 그림 1.42(b)의 "파리가 붙으면 죽는 끈끈이 종이"를 보고, 그 아이디어를 빌려, "쥐 또는 바퀴벌레가 달라붙으면 죽는 끈끈이 종이"를 개발한 경우도 이에 해당한다.

발명왕 에디슨도 "타인이 제안한 신기하고 흥미 있는 아이디어를 끊임없이 찾는 습관을 기르는 것이, 곧 신제품개발/발명의 시작이다."라고 말한 바 있다. 표 1에 나타낸 것과 같이 일반적으로 특허를 대발명이라고 하고, 실용신안을 소발명이라고 한다. 특허로 등록된 기술의 부족한 부분을 개선함으로써 실용신안으로 등록할 수 있다.

표 1 지식재산권

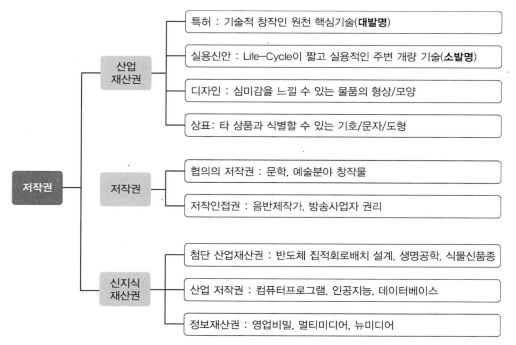

그림 1.42(a) 실내스키 연습장

그림 1.42(b) 쥐잡이용 끈끈이 종이

(6) 제품의 모양을 변경해 보기

모양을 바꿈으로써 신제품을 개발하는 경우도 있다. 표 1에서와 같이 산업재산권은 특허, 실용신안, 디자인 및 상표의 네 가지로 분류되는데, 여기에서 모양은 디자인에 해당한다. 만년필을 개발한 파커(Parker)는 유선형 만년필을 디자인함으로써 세계적인 '만년필 왕'이 되었다. 즉, 파커는 전형적인 막대 모양의 만년필을 유선형으로 모양을 개선하여 신제품을 개발한 것인데 이것이 대성공을 한 것이다.

코카콜라 회사에서는 2차 세계대전 이전에 거액의 상금을 걸고 음료수병 디자인을 공모하며 다음과 같은 조건을 내걸었다.

① 아름다운 모양일 것
② 물에 젖어도, 손에서 미끄러지지 않을 것
③ 음료수 양이 많이 들어간 것처럼 보이나, 적게 들어갈 것

결과적으로 미국의 소규모 "병"제작공장에서 일하던 18세의 소년 루드는 기존의 콜라병의 모양을 유선형으로 변경함으로써 현재 코카콜라 트레이드 마크가 되어 세계 각국에서 팔리고 있는 코카콜라 병을 개발하는 데 성공하였다(그림 1.44 참조). 우리 주변에서 자주 사용되는 전화기도 다음과 같이 모양을 다양하게 바꾼 각양각색의 전화기들이 개발되어 출시되고 있다.

ⓐ 피아노 모양으로 다이얼 대신 건반을 누르는 전화
ⓑ 코카콜라 병 모양의 전화
ⓒ 자동차 모양의 전화
ⓓ 케이스가 투명하여 내부가 훤히 들여다보이는 전화

그림 1.43 피아노모양 전화기와 만년필

그림 1.44 코카콜라 병

(7) 제품의 소재를 변경해 보기

소재만을 바꾸어도 대단히 다양한 신제품을 만들 수 있다. 기존의 제품에서 소재만을
바꾼 신제품으로는 다음과 같은 것이 있다.

ⓐ 플라스틱 일회용 라이터(과거에는 용기를 금속으로 만들었음)

ⓑ 종이 물컵(종이는 물에 젖지만, 발상을 전환하여 일회용으로 만듦)

ⓒ 고무장갑, 가죽장갑, 털장갑, 나일론장갑, 비닐장갑, 면장갑

ⓓ 나무젓가락, 플라스틱 젓가락, 생선의 뼛가루로 만든 젓가락

ⓔ 사기그릇, 플라스틱 그릇, 놋그릇(유기그릇)

ⓕ 전분을 사용한 이쑤시개, 나무 이쑤시개

ⓖ 시멘트벽돌, 흙벽돌, 연탄재 벽돌

ⓗ 플라스틱 당구공(과거에는 상아로 만들었음)

ⓘ 플라스틱 깃털로 된 배드민턴 공(원래 배드민턴 공은 새의 깃털로 만들었으며, 따
라서 그 값이 매우 비쌌다. 그러나 이것의 재료를 값싼 플라스틱 깃털로 바꾼 이후
히트한 제품임)

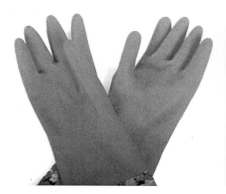

그림 1.45 고무장갑과 플라스틱 깃털로 된 배드민턴 공

1.10 제품구상/개념설계에 브레인스토밍(brainstorming) 적용

브레인스토밍이란 1941년 BBDO(batten barton durstine & oseborn, 1891년 창업) 광고대리점의 '알렉스 F. 오스본'이 제안한 것으로, 작은 집단(약 10명 정도)이 한 가지 문제를 놓고 서로 이를 풀기 위한 아이디어를 내는 회의방식이다. 브레인스토밍의 활용 범위는 각종 신제품의 구상/개념설계, 기업연구소에서의 각종 기술개발/정책회의 등 대단히 넓다. 이 방법을 사용하면, 지금까지와는 다른 매우 자유로운 회의 분위기가 형성된다. 오스본은 브레인스토밍을 위하여 다음의 네 가지 규칙을 제시하고 있다.

(a) 타인의 아이디어의 좋고 나쁨에 대한 비판 금지

인간은 본인의 아이디어에 흠을 잡히게 되면 실망하거나 화가 나게 되고, 이렇게 되면 모처럼 나오려고 하던 아이디어까지도 다시 들어가게 마련이다. 또한, 인간은 대부분 자기중심적으로 사물을 바라보기 때문에 다른 사람이 아이디어를 내려고 하면, 이를 반박하는 경향이 있다. 이로 인하여 서로 간에 갑론을박을 하게 되며, 심리영역은 더욱 더 좁아져 아이디어가 나오지 않게 되는 원인이 된다. 이와 반대로 비판이 없으면, 보다 자유롭게 다양한 아이디어를 내게 되며, 따라서 아이디어 수도 많아진다. 실험결과에 따르면 비판이 없는 경우가, 있는 경우보다 월등히 아이디어 생산성이 높다는 것이 밝혀진 바 있다.

(b) 자유분방한 회의 분위기 보장

일반적으로 기발한 아이디어는 자유분방한 분위기에서만 가능하다. 다시 말해서 참여한 모든 사람의 두뇌를 강하게 자극하여 모두의 머리에 영감의 불을 붙이기 위해서는 자유분방함이 필수 요건이다. 좋은 아이디어만 내려고 잔뜩 긴장을 하면 도리어 아무 아이디어도 나오지 않는 경우가 많다.

(c) 질보다는 양을 구함

아이디어라고 하는 것은 양을 많이 내다보면 기발하고 좋은 아이디어가 이들 중에 섞여 나오게 마련이다. 즉, 아이디어는 양이 중요하며, 양에 비례해서 좋은 아이디어가 나온다. 나쁜 아이디어도 안 나오는 분위기에서는 좋은 아이디어도 안 나온다.

(d) 타인의 아이디어의 개선/결합을 해도 좋음

타인이 여러 가지로 아이디어를 낸 것을 발전시켜 자기 아이디어로 다시 내도 좋다. 즉, 문제 해결을 위한 다양한 아이디어 창출을 위하여 타인의 아이디어의 연쇄반응을 시키는 것은 매우 좋은 것이다.

그림 1.46(a) 제품구상 및 개념설계

그림 1.46(b) 브레인스토밍을 이용한 제품구상/개념설계

1.10.1 브레인스토밍의 진행방법

브레인스토밍의 회의 구성원(member)의 수는 미국과 일본 등에서 약 60여 년에 걸쳐 실험해 본 결과 12명이 가장 좋은 것으로 밝혀졌다. 이 12명은 리더(leader), 기록자(secretary), 레귤러 맴버(regular member) 그리고 게스트(guest)로 구성된다. 먼저 이들 중 1명은 리더가 되고, 다른 1명은 기록자가 된다. 브레인스토밍에서는 리더의 책임이 막중하다. 브레인스토밍의 성공 여부는 모두 리더의 책임이라고 해도 과언이 아니다. 따라서 리더는 브레인스토밍에 앞서 문제(브레인스토밍의 주제)를 충분히 분석해 둘 필요가 있다. 나머지 10명 중 5명은 레귤러 맴버, 나머지 5명은 게스트로 구성한다. 브레인스토밍을 함에 있어서 레귤러 맴버와 게스트를 분리함으로써 게스트로부터 문제의 해결을 위한 전혀 다른 관점에서의 기발한 아이디어가 나오는 경향이 있으며, 레귤러 맴버는 이로 인하여 보다 활발히 아이디어를 내는 역할을 하는 경향이 많다.

이렇게 맴버가 구성되면 회의를 시작하기 2일 전쯤에 모든 맴버들에게 회의사실을 알릴 필요가 있다. 이렇게 함으로써 맴버들이 충분한 아이디어를 생각해 둘 수 있기 때문이다. 다음으로 회의가 시작되기 전 회의장은 리더를 중심으로 ㄷ자형으로 책상을 배치하고, 기록자는 리더 옆에 위치하여 나온 아이디어를 기록한다. 기록은 맴버들 모두가 볼 수 있게 커다란 칠판 등을 사용하면 좋다. 브레인스토밍을 시작함에 있어서 리더는 전술한 4가지 규칙을 설명한다. 규칙을 크게 써서 칠판에 붙이는 것도 좋은 방법 중의 하나이다. 예를 들어 타인의 아이디어를 비판하는 등 규칙을 어기는 사람이 있으면 진행자는 즉시 경고를 한다. 이때 경고는 벨을 울리거나 노랑카드(yellow card)를 드는 등 유머스럽게 하여 자유분방한 분위기를 유지하도록 하는 것이 좋다.

회의 도중에 기록자는 발언자의 의견을 잘 듣고, 능숙하게 정리하여 칠판에 기록해야 한다. 때로는 발언자가 빙빙 돌려 발언을 하기 때문에 그것을 능숙하게 정리하기 위해서는 어느 정도의 기술이 필요하다. 리더가 발언자의 의견을 정리하여 기록자에 건네는 것도 한 방법이다. 회의 초반에는 아이디어가 잘 나오지 않는 경우도 많다. 이런 때에는 리더가 두세 개의 힌트를 주어, 전 맴버의 회의 분위기가 궤도에 오르도록 유도한다. 경우에 따라서는 리더는 미리 아이디어를 활발히 낼 수 있는 맴버 두세 명 섞어두면 좋다. 이를 두세 명의 맴버가 활발히 아이디어를 내면 나머지 맴버들도 따라서 아이디어를 내기 때문이다. 브레인스토밍 시간은 15분에서 1시간이 알맞다. 너무 길다고 좋은 아이디어가 나오는 것은 아니다. 브레인스토밍의 회의시간이 끝에 가까워지면 아이디어는 거의 나오지 않는다. 이때 리더는 "이제 10개의 아이디어만 더 내고 마치겠습니다."는 식으로 분위기를 살린다. 10개만 더 내라고 하면 대체적으로 10개 이상이 나오는 경향이 많기 때문에 이런 방식이 추천된다.

1.10.2 브레인스토밍을 이용한 신제품 아이디어 창출 예

브레인스토밍은 신제품 아이디어(제품구상 및 개념설계)를 낼 수 있는 것이 특징이다. 다음의 예는 미국의 어느 전기회사가 자사 제품인 전기 토스터의 개량을 위하여 브레인스토밍한 결과 나온 아이디어들의 일부를 정리한 것이다.

ⓐ 전기 대신 가스를 쓴다.

ⓑ 빵 부스러기 제거용으로 청소용 진공청소기를 붙인다.

ⓒ 빵 이외 것도 구울 수 있는 토스터

ⓓ 구워지는 정도가 알 수 있게끔 플라스틱으로 외장케이스를 만든다.

ⓔ 빵이 구워지면 음악이 나오는 토스터

ⓕ 천연색의 토스터

ⓖ 케이스 표면에 색을 붙인다.

ⓗ 유리제 토스터

ⓘ 몇 개의 방의 벽에 우묵한 곳을 만들어 토스터를 두도록 한다.

ⓙ 건전지를 사용한 토스터

ⓚ 토스터의 원격 제어장치

ⓛ 토스터가 빙빙 회전할 수 있게 한다.

ⓜ 빵 부스러기 청소를 하기 쉽게 한다.

ⓝ 급온기를 부착한다.

ⓞ 구워지면 툭 튀어나오는 장치의 개량

ⓟ 식은 빵을 다시 따스하게 하는 장치

ⓠ 구부러진 빵을 자동으로 똑바로 고치는 토스터

ⓡ 고기를 굽는 데도 쓸 수 있는 토스터

ⓢ 프린터 형식의 토스터

ⓣ 달걀/베이컨/치즈 등도 구울 수 있는 토스터

ⓤ 보조 석유 버너를 장치한다.

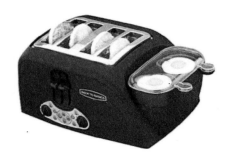

그림 1.46(c) 각종 토스터

1.11 시스템설계에 CAD 적용

1.11.1 CAD/CAM/CAE의 정의

CAD 연구는 1959년에 미국 MIT에서 처음으로 시작되었으며 그 당시 CAD 연구의 목적은 다음과 같았다.

① 설계자와 컴퓨터와의 대화

② 그림(도면)을 통한 대화

③ 컴퓨터에 의한 시뮬레이션

이것은 1950년대 당시의 컴퓨터 제원으로는 획기적인 연구 목적이었으며, 많은 사람들이 이 연구는 큰 성과를 올리지 못할 것으로 생각하였다. 그러나 주지하는 바와 같이 최근의 산업현장에서는 CAD 없이는 항공기 설계(그림 1.50), 자동차 설계(그림 1.51), 선박설계(그림 1.52), 건축설계(그림 1.54), 의복설계(그림 1.55), 다이어몬드 설계(그림 1.56) 등에 있어서 거의 설계 작업이 이루어질 수 없으며, 심지어 초등학생들도 간단한 과외활동으로 CAD를 배우고 있는 상황이다.

CAD/CAM/CAE이란 용어는 Computer Aided Design/Computer Aided Manufacturing/Computer Aided Engineering의 약자로서 컴퓨터를 이용한 설계, 해석 및 생산활동을 의미한다. 또한, CAD라고 하는 용어는 광의(broad sense)의 CAD와 협의(narrow sense)의 CAD로 나눌 수 있다. 광의의 CAD란 제품의 설계에서 제조(즉, CAM을 포함함)에 이르는 모든 설계 제조활동을 컴퓨터로 지원하는 것을 의미하며, 설계활동에 있어서 특히 도면작성(drawing, drafting)에 국한하여 설계를 지원하는 것을 협의의 CAD라고 한다. 즉, CAD/CAM/CAE는 컴퓨터를 이용하여 설계와 생산을 자동화함으로써 공장자동화를 실현시키기 위한 기술이라고 할 수 있다.

그리고 전술한 설계프로세스에 있어서 일반적으로 제품설계는 크게 편집설계와 개발설계로 나눌 수 있다. 편집설계란 쉽게 말하면 짜깁기(mash-up)식 설계라 할 수 있다. 예를 들어 A라고 하는 자동차 메이커가 신제품을 만들고자 할 때 자동차 전면모양은 벤츠(Mercedes-Benz) 모양으로 하고 후면모양은 BMW 모양으로 하며, 엔진은 도요타(Toyota) 것을 사용하고, 등등 자동차의 구성요소들을 각 메이커들의 좋은 부분만 가자고 와서 짜깁기식으로 하여 새로운 제품을 내놓는 설계 활동을 의미한다. 이에 비하여, 개발설계란 현재까지 인류사회 또는 지구상에 존재하지 않던 제품을 최초로 연구/개발하는 설계활동을 의미한다. 예를 들어 토성 탐사용 로봇의 설계(화성 탐사용 로봇은 이미 설계되어 있으므로), 하늘을 나는 자동차의 개발(수륙양용 자동차는 이미 설계되어 있으므로) 등이 이에 해당한다. 종래의 CAD시스템은 주로 편집설계를 용이하게 하는 데에 주안점을 두었으나, 최근의 CAD 연구는 AI(Artificial Intelligence, 인공지능)를 적극 활용하여 개발설계에까지 그 영역을 넓혀가고 있다.

설계프로세스는 완전 자동화가 거의 불가능하므로 컴퓨터와 인간(설계자)이 서로 부족한 부분을 상호 보완하면서 작업을 수행하여야 하는 경우가 많다. 따라서 최근에는 CAD시스템의 맨/머신 인터페이스(man/machine interface) 기능에 관한 연구도 다양하게 이루어지고 있다. 또한, 설계프로세스에 있어서 설계의 상류측인 제품구상, 개념설계 등의 설계 작업 내용에는 창조적 작업(creative work)이 대단히 많이 내포되어 있으므로 CAD화에 어려움이 많다. 이 부분의 설계지원용 CAD시스템으로 최근에는 지식공학 등을 이용한 개념설계용 CAD시스템도 등장하고 있다. 반면, 설계의 하류인 상세 설계, 시제품 제작 및 실험 등의 설계 작업에는 정형적 작업(routine work)이 많으므로, CAD연구의 초기단계에서부터 자동화 또는 컴퓨터화가 매우 활발하게 이루어져 왔다. 다음으로 CAD시스템 연구의 초기부터 각광받아 왔던 컴퓨터에 의한 제도(drawing, drafting)에 대하여 알아보기로 한다.

그림 1.47 초창기의 CAD시스템 및 이를 이용한 시스템설계 모습

그림 1.48 인공지능(AI)

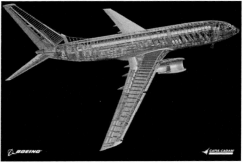

그림 1.49(a) 프랑스의 닷소사에서 개발한 항공기 설계 소프트웨어인 CATIA로 그려진 BOEING사의 BOEING 777. BOEING 777이 개발되기 전까지 대부분의 비행기는 많은 시간과 시행착오를 통하여 설계/제작되었다. 그러나 보잉사는 BOEING 777을 개발하기 위해 CATIA를 도입함으로써 종이로 된 도면을 전혀 사용하지 않고(paperless 설계), 100% 컴퓨터를 이용하여 설계하였으며, 조립 시뮬레이션 등 설계/해석을 통하여 불량률을 크게 줄이는 데에 성공하였다.

그림 1.49(b) 미국 BOEING사가 개발한 제트 여객기(BOEING 777)의 실제 모습

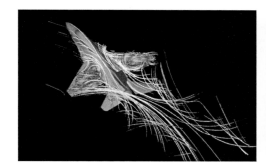
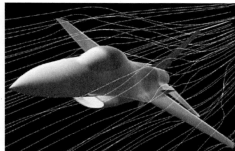

그림 1.50 CAD를 이용한 헬리콥터 및 전투기 설계

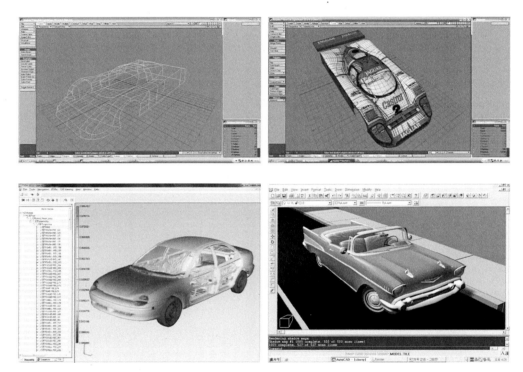

그림 1.51 CAD를 이용한 자동차 설계

그림 1.52 컨테이너(Container)선

그림 1.53 CAD를 이용한 모바일 하버(Mobile harbor)의 설계

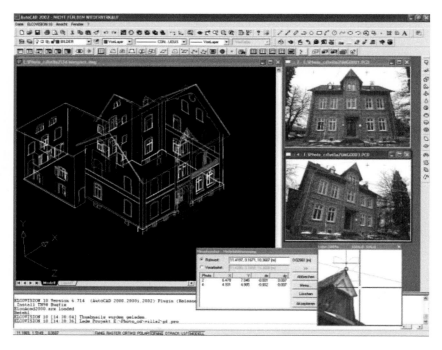

그림 1.54 CAD를 이용한 건축설계

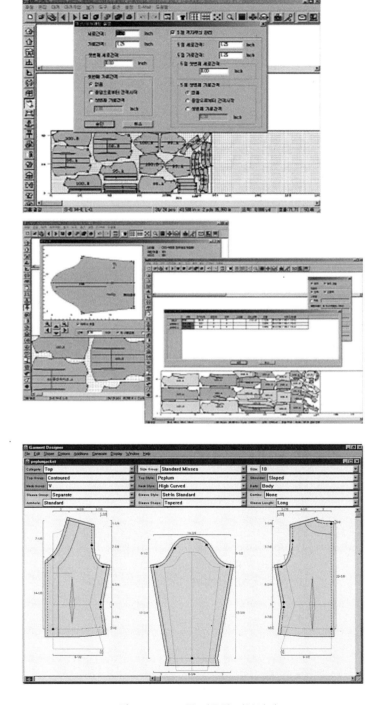

그림 1.55 CAD를 이용한 의복설계

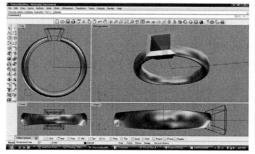
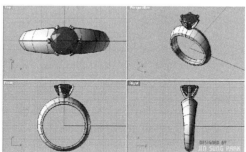

그림 1.56 CAD를 이용한 다이어몬드 반지 설계

1.11.2 상세설계와 컴퓨터에 의한 제도(drawing/drafting)

종래의 도면 작업은 그림 1.57과 같이 제도판, 자 그리고 연필 등을 이용하여 수행하였다. 컴퓨터에 의한 제도란 전술한 협의의 CAD에 해당하는 것으로서, 컴퓨터와 Auto-CAD, SolidWorks, CATIA 등 도면 작업용 소프트웨어를 이용하여 설계도면을 보다 효율적으로 그리는 것을 의미하며(그림 1.58 참조), 설계 활동에 있어서 특히 도면작성(drawing, drafting)에 국한하여 설계를 지원하는 시스템이 이에 해당한다.

그림 1.57 종래의 기계제도에 사용하던 제도판

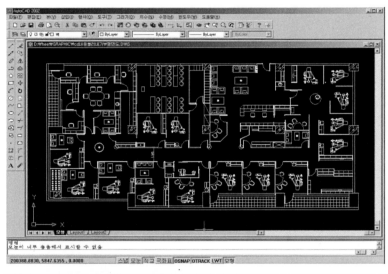

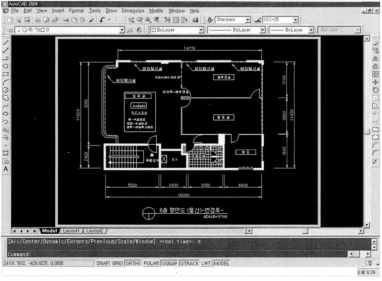

그림 1.58 AutoCAD를 이용하여 제도한 결과

1.11.3 CAE(computer aided engineering)

CAE란 종래에 시제품을 직접 만들어 제품의 안전성, 효율성, 정확성 등을 검토하던 것을, 컴퓨터를 이용하여 실제 실험과 동일한 조건과 상황을 컴퓨터에 입력하여 시뮬레이션을 반복함으로써, 시제품의 제작횟수와 제작비용 그리고 제작 기간을 줄이는 것을 목적으로 한 것으로서, 전술한 CAD시스템에서 특히, 컴퓨터에 의한 해석(analysis, engineering)에 역점을 둔 시스템이다(그림 1.59의 기계요소의 응력해석, 헤어드라이어의 유체역학/열역학적 해석 참조).

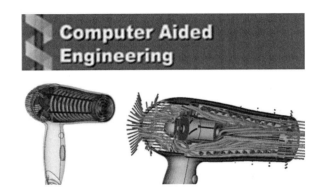

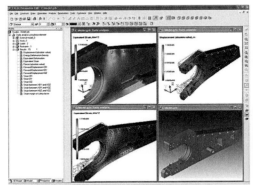
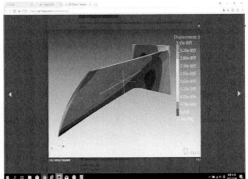

그림 1.59 CAE에 의한 설계 해석

1.11.4 CAM(computer aided manufacturing)

종래의 기계가공은 각종 금속재료 및 비금속재료를 선반, 연삭반 등 공작기계를 이용하여 숙련공의 손을 통하여 이루어져 왔으나, 이들 가공업은 소위 3D업종 중의 하나로서 모든 사람들이 기피하는 일이었다. CAM이란 이와 같은 3D업종에 해당하는 일들을 NC(numeric control) 공작기계, 유연생산시스템(FMS, flexible manufacturing system) 등을 이용하여 자동화(제품의 생산성과 품질향상)시킨 시스템이다. 최근에는 CAM을 보다 발전시킨 공장자동화(FA, factory automation)가 산업계에 널리 보급되어 있으며, 더 나아가 FA에 a)생산관리, b)생산계획 그리고 c)경영전략을 통합한 CIM(computer integrated manufacturing)시스템이 각광받고 있다.

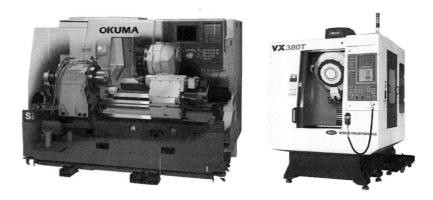

그림 1.60 CNC(Computerized Numeric Control) 선반

그림 1.61 머시닝 센터(보링머신/밀링머신/드릴링머신을 하나로 한 복합공작기계)

1.11.5 CAD시스템의 필요성 및 도입시 장점

CAD시스템 도입의 필요성을 열거하면 다음과 같다.

① 제품 라이프 사이클이 단축되고 있다.

② 고품질/저가격 설계의 필요성이 증대되고 있다.

③ 신제품 개발 경쟁이 격화되고 있다.

④ 가격 경쟁이 격화되고 있다.

⑤ 제품지식이 집약화되고 있다.

⑥ 설계납기의 단축이 요구되고 있다.

⑦ 제품에 대한 소비자 요구가 다양화되고 있으며, 이에 따른 설계 작업이 증대되고 있다.

또한, CAD시스템 도입 시 장점은 다음과 같다.

① 설계자에 의한 휴먼 에러(human error)를 줄일 수 있다.

② 설계 해석 및 실험을 통하여 즉각적으로 설계를 수정할 수 있다.

③ 설계단가를 감소시킬 수 있다.

④ 컴퓨터에 의하여 효율적인 결정을 내릴 수 있으므로 양질의 설계를 할 수 있다.

⑤ 설계 기간, 제품개발 기간을 감소시킬 수 있다.

⑥ 풍부한 자료 저장능력을 갖게 해준다.

⑦ 컴퓨터가 각종 자료를 고속으로 처리, 분석해주며, 설계결과를 자동으로 문서화하기 쉽다.

⑧ 그림 1.62와 같이 CAD/CAM/CAE시스템의 상호작용을 통하여, 혁신적이고 발전적인 능력을 발휘할 수 있도록 설계를 지원해준다.

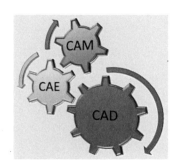

그림 1.62 CAD/CAM/CAE시스템의 상호작용

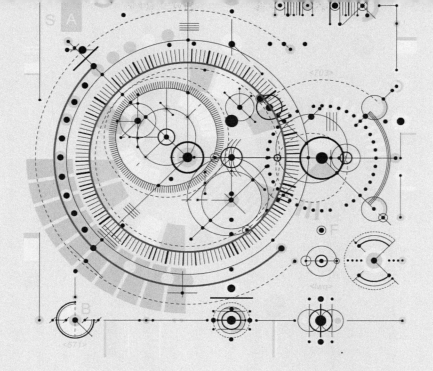

2

컴퓨터의 하드웨어 및 소프트웨어

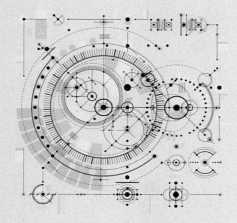

2.1 컴퓨터의 하드웨어

인류가 수치적 계산을 하기 위하여 최초로 발명한 도구는 기원전 2600년경에 중국에서 발명된 주판이었다. 서기 1642년에는 덧셈과 뺄셈을 전문적으로 할 수 있는 기계장치가 파스칼(B. Pascal)에 의해서 고안되었다. 그는 19살 때 프랑스의 루엔에 있는 아버지의 사무실(세무)에서 단순히 숫자를 더하는 것에 싫증을 느껴 기계적으로 덧셈과 뺄셈을 하는 계산기를 만들게 되었다고 한다. 또한, 1617년 라이프니츠(G. W. von Leibniz)는 파스칼이 고안한 계산기를 개량하여, 속력이 더욱 빠를 뿐만 아니라 곱셈도 할 수 있는 계산기를 발명하였다.

1944년에는 미국 하버드 대학의 에이컨(H. H. Aiken) 교수가 IBM 회사의 협력을 얻어 MARK-1이라고 하는 자동계산기를 완성하였다. 이 계산기는 3000개의 릴레이와 72개의 톱니바퀴 그리고 4마력짜리 모터로 구성되어 있고, 덧셈과 뺄셈은 매초 3회, 곱셈은 3초에 1회 계산할 수 있는 능력을 갖추고 있었다. 1945년에는 미국 펜실베이니아 주립대학의 에커트(J. P. Eckart)와 머클리(J. W. Mauchly) 교수가 전자부품으로만 구성된 컴퓨터를 개발하였다(ENIAC(electronic numerical integrator and calculator) 그림 2.1 참조). 이는 당시로서는 혁명적인 계산 장치이었으며, 이 컴퓨터는 진공관 1만 8,800개, 저항기 7,000개, 무게 약 30t, 소요전력 120kW라고 하는 매우 거대한 것이었으며, 계산 속도는 종래의 것에 비해 1,000배 이상 빨랐다. 이 컴퓨터는 영국의 생크스(W. Shanks)가 평생 동안 원주율(π)을 소수점 이하 707자리까지 계산한 것을 단 40초 만에 해결하였으며, 또한 생크스가 계산한 값이 소수점 이하 528자리 이후부터는 틀린다는 것을 밝혀내었다. 또한 1951년에는 에커트와 머클리 교수가 최초의 상용 컴퓨터인 UNIVAC(universal automatic computer)을 개발하였다.

일반적으로 트랜지스터(transistor)를 컴퓨터의 기본소자로 사용하는 컴퓨터를 제 2세대 컴퓨터, 집적회로(IC, integrated circuit)를 컴퓨터의 기본소자로 사용하는 컴퓨터를 제 3세대 컴퓨터, 대규모 집적회로(LSI, large scale integration)를 컴퓨터의 기본소자로 사용하는 컴퓨터를 제 4세대 컴퓨터 그리고 인공지능(AI, artificial intelligence), 전문가 시스템(expert system), 음성이해(speech understanding) 등을 다루는 컴퓨터를 제 5세대 컴퓨터라고 한다. 컴퓨터가 출현한 이후, 가격 또한 꾸준히 하락하였으며, 1980년대 초반의 Apple II PC의 가격은 약 300만원이었으나(당시 포니(phony) II 자동차의 가격은 120만원이었음), 최근에는 약 100만원이면 매우 성능이 좋은 PC를 구입할 수 있다. 당시의 비행기 가격이 PC 가격만큼 하락하였다면, 보잉 747의 가격은 약 160만 원 정도라는 분석 결과도 있다. 컴퓨터의 성능 또한 매우 높아져서 최근의 PC의 성능은, 1988년형 Cray 슈퍼컴퓨터의 처리능력을 앞지른 것으로 분석된다.

최초의 Micro Processor(Micro Processing Unit, MPU, CPU를 단일 LSI칩 내에 만든 반도체소자로서 한 개의 IC 내에 연산장치, 제어장치, Resister 등을 집적시킴)는 Intel 사에 의하여 1971년(당시 약 200명의 종업원)에 개발되었으며, 1978년에는 16bit 8086(Intel, HMOS 반도체기술 적용, 약 3만 개의 트랜지스터로 구성됨)이 개발되었으며, 1982년에는 16bit 80286(Intel, IBM 컴퓨터의 PC인 AT에 적용됨)이 개발되었다. 또한, 1981년에는 32bit 80386(Intel, 약 20만 개의 트랜지스터로 구성됨)이 개발되었으며, 1987년에는 32bit 80486(Intel, 약 120만 개의 트랜지스터로 구성됨, 처리속도: 15MIPS)이 개발되었다.

컴퓨터를 분류하는 방법으로는

① 처리하는 데이터의 양 및 시간
② 신뢰성
③ 크기 및 중량
④ 가격
⑤ 소프트웨어(S/W)의 완비도
⑥ 입출력장치의 성능
⑦ 소비전력

등이 있으며, 일반적인 컴퓨터의 분류법을 표 2.1에 표시하였으며, 아날로그 컴퓨터와 디지털 컴퓨터의 비교를 표 2.2에 표시하였다. 컴퓨터의 하드웨어는 중앙처리장치, 보조기억장치 및 입출력장치의 세 부분으로 구성되어 있으며, 이들 각각에 대하여 상세히 살펴보기로 한다.

그림 2.1 ENIAC(Electronic Numerical Integrator And Calculator)컴퓨터: 이 컴퓨터는 진공관 1만 8,800개, 저항기 7,000개, 무게 약 30t, 소요전력 120kW라는 거대한 것이었으며, 계산 속도는 계전기식에 비해 1,000배 이상 빨랐다.

그림 2.2 UNIVAC(UNIVersal Automatic Computer)컴퓨터

표 2.1 컴퓨터의 분류

종류	설명
슈퍼 컴퓨터	• 초대형 범용 컴퓨터를 말함 • 동작속도가 매우 빠른 디바이스(device) 사용 • 계산속도: 수10~수100MIPS(1초당 약 10억 회) • 메모리: 1PB(Peta Byte, 10^{15}B) 이상(약 100년 이상의 신문을 저장할 수 있는 용량임)
대형 컴퓨터	• 다수의 사용자와 다수의 프로그램을 동시에 처리할 수 있는 범용 컴퓨터 • MAIN FRAME이라고도 함 • 일반적으로 슈퍼 컴퓨터와 대형 컴퓨터의 소비전력은 수kW에서 수10kW임
미니 컴퓨터	• 사무 처리용 오피스 컴퓨터(office computer)를 말함 • 상대적으로 슈퍼 컴퓨터와 대형 컴퓨터에 비해 소형임
PC (Personal Computer)	• 소형이며 저가 컴퓨터 • 소비전력: 수10W에서 수100W임
마이크로 컴퓨터 (Micro Computer)	• 각종 가전기계, 로봇, FA, FMS, CIM 등에서 사용하는 컴퓨터 • 일반적으로 one chip micro computer를 말함
탁상용 전자계산기	• 건전지 또는 태양 전지(solar cell)식 • 전자수첩, 캘린더 • 소비전력: 수10mW에서 수100mW임

그림 2.3 1988년형 CARY 슈퍼컴퓨터: 최근의 PC의 성능은, 1988년형 Cray 컴퓨터의 처리능력을 앞지른 것으로 분석됨.

그림 2.4 각종 슈퍼 컴퓨터

표 2.2 아날로그 컴퓨터와 디지털 컴퓨터

	아날로그 컴퓨터	디지털 컴퓨터
프로그래밍	필요 없음	필요함
입력형식	연속적인 물리량(변량)	숫자, 문자, 부호 등
출력형식	곡선, 그래프 등	숫자, 문자, 부호 등
기억능력	기억이 제약됨	기억이 용이하고 반영구적임
프로그램의 보존성	보존이 어려움	용이함
연산형식	병렬연산	순차연산

2.1.1 중앙처리장치(CPU, central processing unit)

중앙처리장치는 컴퓨터에서 가장 핵심이 되는 부분이라고 할 수 있다. 이 장치의 역할
은 입력장치와 보조기억장치로부터 자료를 받아들여 작업을 수행한 후, 출력장치로
내보내거나 보조기억장치에 처리결과를 저장하는 일을 한다. 이와 같은 작업을 효율
적으로 수행하기 위하여 중앙처리장치는 다음과 같이 연산논리장치, 제어장치 및 주
기억장치로 구성되어 있다.

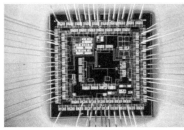

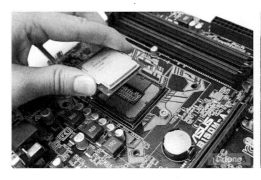

그림 2.5 중앙처리 장치(CPU): 입력장치와 보조기억장치로부터 자료를 받아들여 작업을 수행 후, 출력장치
로 내보내거나 보조기억장치에 처리결과를 저장하는 일을 함.

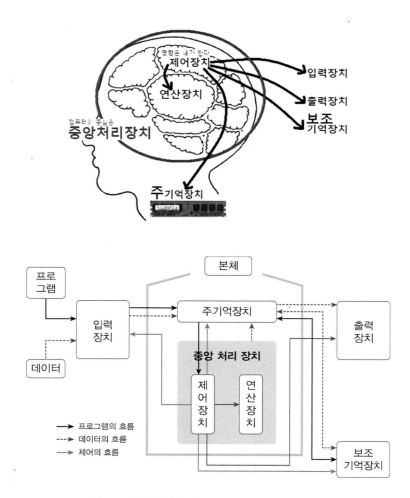

그림 2.6 인간 머리에 빗댄 컴퓨터 하드웨어의 관계도

(a) 연산논리장치(ALU, arithmetic logic unit)

이 장치는 덧셈, 뺄셈, 곱셈 및 나눗셈의 사칙연산을 수행하는 연산부(arithmetic unit)와 비연산 작업인 양(+)과 음(−)을 구분하고 프로그램의 실행결과에 따라 경로를 선택하는 논리부(logic unit)로 구성되었다. 연산부와 논리부는 하나 이상의 레지스터(register, 컴퓨터 내부에 있는 특수 용도의 데이터 저장장소)로 구성되어 있으며, 레지스터는 컴퓨터의 기종에 따라 약간씩 차이는 있으나, 일반적으로 다음과 같은 레지스터들이 있다.

① 인스트럭션 레지스터(instruction register)

② 상태 레지스터(status register)

③ 메모리 어드레스 레지스터(memory address register)

④ 프로그램 카운터(program counter)

⑤ 어큐뮬레이터(accumulator)

(b) 제어장치(control unit)

제어장치는 프로그램상의 명령에 따라 기계가 작동하도록 제어하는 장치로서, 인스트럭션 레지스터와 프로그램 카운터에 의해서 운용된다. 프로그램상의 명령들은 연속적으로 메모리에서 제어장치로 옮겨지며, 각 명령들을 번역하고 번역된 해당 명령이 실행되도록 되어 있다.

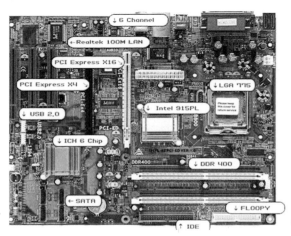

그림 2.7 컴퓨터의 Main board

(c) 주기억장치(main memory unit)

주기억장치는 기억부, 해독부 그리고 제어부에 의하여 구성되어 있다. 컴퓨터가 자료를 처리할 때에는 주기억장치에 필요한 모든 자료를 옮겨놓고 처리하게 되는데, 주기억장치는 자료의 임시저장장치로서의 특성이 있다. 이 임시저장장치란 컴퓨터가 가동중 전원이 끊기게 되면 기억장치내의 모든 데이터가 소멸되는 장치를 말한다(휘발성 기억장치). 이에 비해 보조기억장치는 영구 기억장치에 해당된다(비휘발성 기억장치).

여기서 기억장치는 0이나 1을 기억하는 기본단위인 비트(bit)로 표시하며, 1바이트 (byte)는 하나의 문자 또는 숫자를 표시하는 단위이다. 컴퓨터에서 사용하는 단어 (word)는 4, 8, 16, 32 또는 64비트의 크기로 구성된다. 이때 각 단어는 저장장치 내의 주소(address)를 가지고 있으며, 중앙처리장치는 이 번지수를 이용하여 데이터를 찾아내어 처리하게 된다. 또한 주기억장치는 다음과 같이 RAM과 ROM으로 구성되어 있다.

① RAM(random access memory) 또는 RWM(read write memory)

RAM 또는 RWM은 읽기와 쓰기가 모두 가능한 메모리를 뜻한다.

그림 2.8 주기억장치

② ROM(read only memory)

ROM은 오로지 읽기만 할 수 있는 메모리를 뜻하며, 그 내용을 변경할 수 없도록 공급처에서 메모리에 수록된 상태로 공급하게 된다.

2.1.2 보조기억장치(auxiliary memory unit, file storage unit)

보조기억장치란 자료를 영구적으로 기억시켜 보관하기 위한 장치로서 보조기억장치 내에 자료를 쓰고 읽는 방법에는 다음과 같은 두 가지 방법이 있다.

(1) 순차처리법(SAM, sequential access method)

이 방식은 마그네틱 테이프와 같이 수록되어 있는 자료들을 읽거나 저장할 때, 처음부터 차례대로 처리하는 방법이다. 이 장치는 가격은 저렴하나 데이터를 찾는 데 시간이 많이 소요된다는 단점이 있다.

(2) 직접처리법(DAM, direct access method)

이 방식은 필요한 자료를 읽거나 보관할 때 자료가 위치한 곳이나 위치할 곳에 직접 찾아가서 필요한 자료를 읽어내거나 보관하는 방식이다. 이 장치는 순차처리법은 이용한 장치에 비해 데이터 액세스 타임은 적게 소요되지만 상대적으로 장치의 가격이 높은 단점이 있다.

일반적인 컴퓨터에서 사용되고 있는 보조기억장치에는 다음과 같은 것들이 있다.

ⓐ 마그네틱 드럼(magnetic drum)

컴퓨터개발의 초기에 만들어진 장치로서 직접처리방식에 해당된다. 1950년대에 많이 사용되던 장치이며 코발트 니켈로 제작된 드럼에 산화철을 입힌 것이다. 드럼은 일정한 속도로 회전하며 자료는 드럼상의 트랙에 수록된다. 드럼의 직경과 길이는 각각 8-20inch와 2-4feet이며 드럼의 회전속도는 1500-4000rpm이다.

그림 2.9(a) 마그네틱 드럼

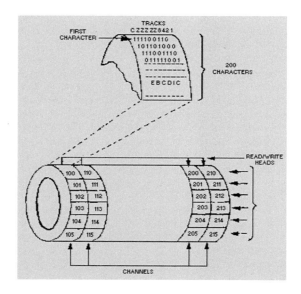

그림 2.9(b) 마그네틱 드럼

ⓑ 마그네틱 테이프(magnetic tape)

이 방식은 순차처리방식이며 마그네틱 테이프는 산화철로 코팅된 플라스틱 필름으로 되어 있다. 자료는 플라스틱 테이프에 수록되며 프레임(frame)당 7bits나 9bits수록방식이 많이 사용된다.

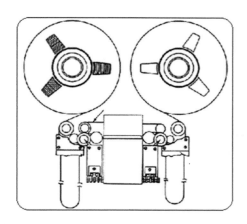

그림 2.10 마그네틱 테이프 구동 장치(MTU, magnetic tape unit)

ⓒ 플로피 디스크(floppy disk) 및 하드 디스크(hard disk)

이 방식은 직접처리방식이며 자기로 코팅된 플라스틱판을 사용하여 자료를 저장한다. 자기 표면을 보호하기 위하여 표면이 플라스틱 종이로 포장되어 있다.

그림 2.11 플로피 디스크

(a) 일반적인 HDD

(b) 초소형 HDD

그림 2.12 HDD: 알루미늄 원판에 자성물질을 입힌 것. 디스크가 플로피 디스크처럼 휘어지지 않기 때문에 하드 디스크라고 함.

그림 2.13 FLASH MEMORY

그림 2.14 SSD(Solid State Drive): 왼쪽의 HDD는 자기 디스크를 이용하여 데이터를 읽고 쓰지만, SSD는 반도체(NAND Flash Memory)를 이용하므로 HDD에 비해 읽고 쓰는 속도가 월등하게 빠르며, 또한 충격에 강하다.

ⓓ CD ROM(compact disk read only memory)

광(optic)을 매체로 사용하는 광학적 데이터 저장장치로서 플라스틱판에 빔을 주사한 후 반사되는 빛을 전기신호로 변화하여 사용한다. 두께 1.2mm 지름 12cm의 크기에 약 700MB의 대용량의 정보를 저장하는 매체이다. 또한 연속된 나선형 트랙을 사용하므로 섹터의 길이가 일정하며, 기록이 가능한 CD인 CD-R(recordable)과 CD-RW (rewritable)도 있다.

ⓔ DVD(digital video disk)

화질과 음질이 뛰어난 멀티미디어 데이터를 정장할 수 있는 대용량의 기억매체이다. CD ROM과는 크기는 같지만 CD ROM과는 달리 양면을 모두 사용할 수 있으며, 약 10GB정도의 정보를 기록할 수 있다(단, 1GB= 1024MB= 1,073,741,824 Byte임).

그림 2.15 DVD(digital video disk)

2.1.3 입출력장치(input output unit)

컴퓨터에 자료를 넣는 장치를 입력장치라 하고 컴퓨터에서 처리된 결과를 사람에게 보여주는 장치를 출력장치라고 한다.

(1) 입력장치(input unit)

ⓐ 키보드(keyboard)

데이터를 컴퓨터에 입력하는 장치로서 타자기와 문자판 배열이 같다.

그림 2.16 입력장치

ⓑ OCR(optical character reader)

특수 인쇄 장치로 인쇄한 문자 또는 숫자(예를 들어 수표의 하단에 인쇄된 숫자)를 광학 판독기를 이용하여 컴퓨터에 입력시키는 것으로서 ISO Font A문자, 패링톤 사의 Farrington Self-check 문자가 있다. 세금고지서나 공공요금 청구서를 판독할 때 사용된다.

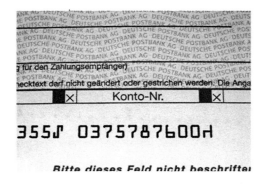

그림 2.17 OCR 용지

ⓒ OMR(optical mark reader)

컴퓨터용 수성 사인펜으로 카드 상에 표시된 마크(mark)에 빛(optical)을 비추어 표시 여부를 판독하는 장치이며, 운전면허시험, 수능시험 등의 시험답안 채점용으로 이용된다.

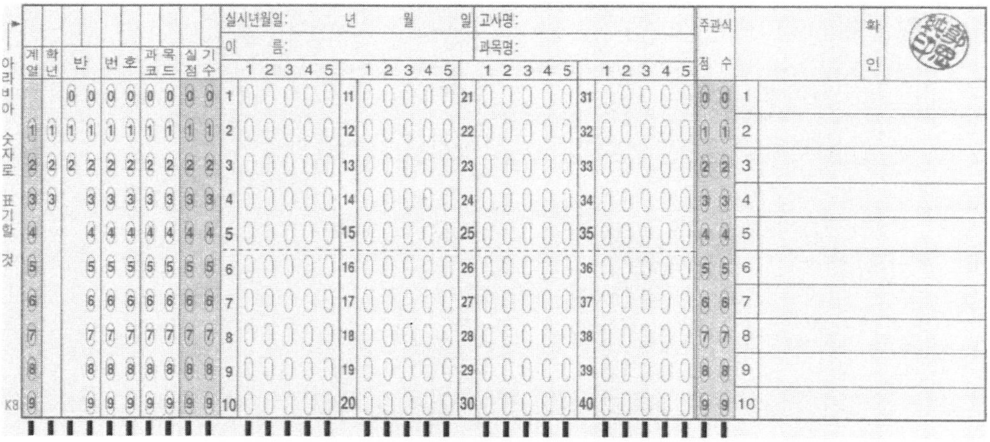

그림 2.18 OMR 용지

ⓓ 자기 잉크문자 판독기(MICR, magnetic ink character reader)

자성을 띤 특수 잉크(magnetic ink)로 인쇄된 문자나 기호를 판독하는 장치이며, 수표나 어음의 판독에 사용된다.

ⓔ 바코드 판독기(BCR, bar code reader)

굵기가 서로 다른 선(bar code)에 빛을 비추어 반사된 값을 코드화하여 판독하는 장치이다. 편의점이나 백화점에서 POS(point of sales, 상품에 대한 정보를 담고 있는 바코드를 판독하는 순간, 판매가격을 보여 주는 것은 물론 재고, 매출액 등 상품 판매에 관한 모든 자료가 자동으로 계산되는 시스템)의 입력장치로 사용된다.

(a)

(b)

그림 2.19 바코드 판독기

ⓕ 마우스(mouse)

마우스란 사용자가 컴퓨터를 편리하게 사용하게 하기 위한 위치지정(pointing)장
치로서 키보드를 이용하는 작업을 대신해주는 입력장치이다. 사용자는 복잡한 명
령이나 용어를 외워서 사용할 필요 없이 원하는 위치에서 마우스를 누르는 동작으
로 원하는 기능을 수행하거나 위치를 지정할 수 있다.

그림 2.20 마우스

이때 커서의 위치는 연속적으로 입력되는 좌푯값으로부터 추출된 데이터에 의해
서 결정되며, 이 데이터는 제어용 버튼을 누름으로써 컴퓨터에 보내지고, 이 장비
의 움직이는 방향은 서로 상대적으로 수직으로 설치한 롤러에 부착된 두 개의 포
텐시오메터로부터의 전압변화에 의해 결정된다. 즉, 이들 두 롤러의 회전량이 이
동한 거리로 모니터에 나타나도록 구성되어 있다. 마우스에는 기계식 마우스
(mechanical mouse), 광기계식 마우스(optomechanical mouse), 광학식 마우스
(optical mouse), 휠 마우스(wheel mouse) 등이 있다. 그리고 마우스를 사용하는
방법에는 Point and click, Click and drag 그리고 Double click의 세 가지 방법이
있다. 이 밖의 입력장치로는 스캐너(그림이나 사진 등의 영상정보를 디지털 그래
픽 정보로 변환해주는 장치), 디지털 카메라(촬영된 영상을 전자 데이터로 변환시
켜 디지털 저장매체에 저장하는 장치), BALL 입력장치, 조이스틱, 음성입력장치
등이 있다.

(a)   (b)

(c)

그림 2.21 조이스틱 등 입력장치

그림 2.22 BALL 입력장치

(2) 표시장치(display unit)

ⓐ CRT(cathode ray tube) 모니터

CRT 모니터는 일반 텔레비전과 유사한 형태를 하고 있으며, 문자표시(character display)장치와 도형표시(graphic display)장치로 나눌 수 있다. 문자표시장치는 처리된 결과를 숫자, 영문자, 한글 또는 특수기호로 브라운관 위에 비춰내는 장치이며, 표시문자의 발생 방식에 따라 1)캐릭터 온(character on)방식, 2)모노 스코프(mono scope)방식, 3)도트 매트릭스(dot matrix)방식, 그리고 4)스트록(stroke)방식이 있다.

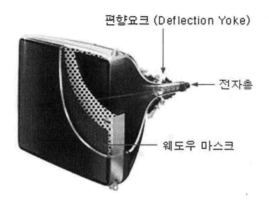

그림 2.23 CRT 모니터

또한 도형표시장치는 입력과 출력이 가능한 장치이고, 브라운관 위에 문자나 도형을 비추어내기도 하고 또는 여러 가지 데이터를 입력하거나 비춰낸 도형을 회전, 확대 축소할 수 있다. 도형을 표시하는 방식에는 일반 TV과 같이 전자빔을 수평으로 움직여 필요한 위치에서 그 휘도를 제어하여 도형을 그리는 raster 방식과 휘갈겨 쓴 글씨와 같이 비추고 싶은 도형의 모양대로 전자빔을 움직여 도형을 그리는 stroke 방식이 있으며, 일반적으로는 stroke 방식이 많이 이용되고 있다.

ⓑ LCD(liquid crystal display, 액정 표시장치)

LCD는 두 장의 얇은 유리판에 액상 결정(liquid crystal)을 놓고, 전압을 가하여 화면을 표시하는 장치이다. LCD는 노트북 컴퓨터, 랩톱(laptop) 컴퓨터, 워드 프로세서 전용기 등의 모니터로 사용되며, 대부분 수동 매트릭스 방식을 사용하여 전압을 조정한다. 이 장치는 부피가 작아서 휴대가 용이하며 화면 떨림이 적고 비발광체로 눈의 부담이 적으며, 소비전력이 적은 특징이 있다.

그림 2.24 LCD 모니터

ⓒ TFT(thin film transistor) LCD

TFT LCD는 LCD의 한 형태로 각 픽셀에 박막 트랜지스터(thin film transistor)를 연결하여 픽셀 단위로 전압을 조정할 수 있는 능동(active) 매트릭스 방식으로 화면을 표시하는 장치이다. 이 장치는 노트북이나 데스크톱 컴퓨터뿐만 아니라 프로젝트 TV, 벽걸이 TV에도 사용이 된다. TFT LCD는 화면을 제어하는 방법에 따라 능동 매트릭스 방식의 TFT LCD와 수동 매트릭스 방식의 TFT LCD로 나뉜다. 능동 매트릭스 방식은 각각의 픽셀에 박막 트랜지스터를 연결하여 픽셀 단위로 전압을 조정하여 화면을 표시한다. 또한 수동 매트릭스 방식은 픽셀 단위가 아니라 가로와 세로의 격자 단위로 전압을 조정하여 화면을 표시한다.

ⓓ FED(field emission display, 전계 방출형 디스플레이)

FED는 두 장의 진공 상태인 유리판 사이에서 자기장에 의해 전자가 방출되어 화면을 표시하는 방식으로, CRT와 LCD의 장점을 혼합한 형태의 표시장치이다. 이 장치는 해상도가 매우 뛰어나며 보는 각도에 상관없이 선명도가 일정하다. 또한 두께가 얇으며 소비전력이 적고 표시속도가 빠른 특징을 가지고 있다.

ⓔ PDP(plasma display panel, 플라즈마 디스플레이)

이 디스플레이는 두 장의 유리 기판 사이에 네온 및 아르곤 가스를 넣고, 전압을 가해 발생된 네온의 발광 빛을 이용하여 화면을 구성하는 방식이다. 고해상도가 요구되는 그래픽 작업용 모니터나 벽걸이 TV에 많이 사용된다. 또한 이 디스플레이의 특징은 화면이 완전 평면이고 일그러짐이 없으며, 디스플레이 장치 중 해상도가 가장 높고 표시 속도가 매우 빠른 특징을 가지고 있다.

그림 2.25 PDP 모니터

(3) 출력장치(output unit)

출력장치는 컴퓨터에서 처리한 데이터를 표시해주는 컴퓨터 주변장치이다. 프린트 방식에는 충격식(impact type, 프린트헤드가 종이를 때려서 프린트하는 방식)과 비충격식(nonimpact type, 헤드장치와 종이의 접촉이 전혀 없이 프린트하는 방식)이 있다.

ㄱ) 충격식 프린터(impact type printer)

ⓐ 활자식 프린터(글자 형태를 미리 결정하고 프린트함)

ⓑ 도트 매트릭스식 프린터(글자 모양을 점으로 구성하여 프린트함)

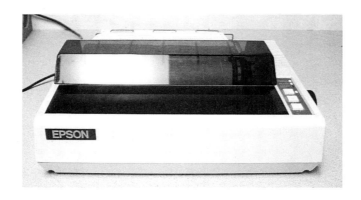

그림 2.26 도트 매트릭스식 프린터

ㄴ) 비충격식 프린터(non-impact type printer)

ⓐ 잉크제트 프린터

ⓑ 열감응식 프린터

ⓒ 정전식 프린터

ⓓ 건조 전자사진식 프린터

ⓔ 레이저 프린터

또한 출력 단위로는 CPS(character per sec, 직렬프린터(serial printer)), LPM(line per minute, 라인프린터(line printer)) 및 PPM(page per minute, 페이지 프린터(page printer))가 있다.

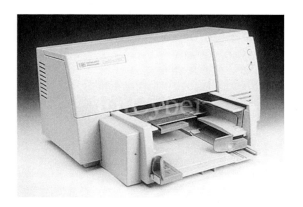

그림 2.27 잉크제트 프린터

그림 2.28 레이저 프린터

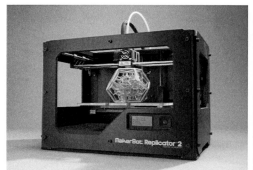

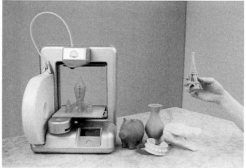

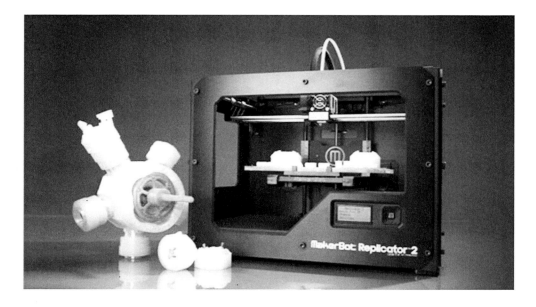

그림 2.29 3D 프린터

2.2 컴퓨터의 소프트웨어

일반적으로 하드웨어의 효율(성능)을 높여줄 수 있는 부분을 소프트웨어라고 한다. 이 정의에 의하면 컴퓨터 분야뿐만 아니라 산업사회의 모든 분야는 하드웨어와 소프트웨어로 구성되어 있다고 할 수 있으며, 하드웨어적으로 그 성능을 향상시키기 어려운 부분을 소프트웨어적으로 해결한 사례들이 많이 있다. 예를 들어 경부고속도로의 효율을 높이기 위하여 현재 왕복 8차선인 것을 왕복 16차선으로 바꾼다면 이는 하드웨어적인 성능개선이 될 것이다. 반면, 버스전용차선을 도입함으로써 통행효율을 높인다면 이는 소프트웨어적인 성능개선이 될 것이다. 본 절에서는 일반적인 컴퓨터의 성능을 소프트웨어적으로 높여주는 방법에 초점을 맞추어 서술하기로 한다.

2.2.1 운영체제(OS, operating system)

운영체제란 컴퓨터를 움직이게 하는 데이터와 프로그램들로 이루어진 소프트웨어이며, 기계, 전자적인 부품들로 구성된 컴퓨터를 데이터와 프로그램에 의해서 작업을 처리할 수 있도록 해주는 역할을 한다. 컴퓨터에 있어서 운영체제가 하는 작업들은 다음과 같다.

① 시스템의 logging

② 명령어, 작업 언어의 제공

③ 데이터나 프로그램이 파일 관리

④ 라이브러리 제공

⑤ 버퍼에 의한 I/O 관리

⑥ 입출력 관리

⑦ 작업 관리

⑧ 메모리의 분할

⑨ CPU 사용계획 조정

⑩ 메모리 프로텍션 및 프로그램의 RELOCATION 기능

⑪ 멀티프로그래밍(multiprogramming) 기능

이들 이외에도 몇몇 기능들이 OS에서는 제공되고 있으나 대표적인 것만 열거하였다.

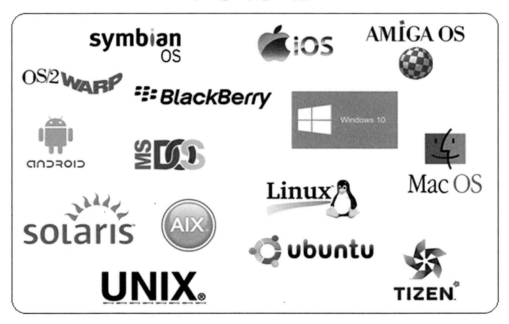

그림 2.30 대표적인 운영체제(OS) : 응용 소프트웨어를 위한 기반 환경을 제공하고, 컴퓨터 하드웨어를 제어하여 컴퓨터를 사용할 수 있도록 중재 역할을 해 주는 프로그램

2.2.2 가상기억장치(virtual memory)

컴퓨터가 임의의 프로그램을 실행시키고자 할 때, 메인 메모리(main memory)의 용량보다 더 큰 용량의 프로그램이 실행하여야 하는 경우가 있다. 예를 들어 메인 메모리의 용량이 10GB인데 20GB의 응용프로그램을 처리하여야 한다면, 10GB의 메모리 부족현상이 생겨 프로그램을 실행할 수 없게 된다. 이와 같은 문제를 해결하기 위해 가상기억장치의 개념이 도입되었다. 이 방식에 있어서는 실행시키고자 하는 프로그램 중 실행에 꼭 필요한 명령(일반적으로 총 명령어의 10% 이내임)만을 메인 메모리에 주둔시키고, 나머지 것들은 필요할 때마다 불러다가 사용한다는 개념을 가지고 있다.

가상기억장치에는 세그멘테이션 방식과 페이징 방식의 두 가지 방식이 있다. 세그멘테이션 방식(segmentation)에서는 프로그램이나 데이터를 BLOCK 단위로 나누어 저장한다. BLOCK 단위로 나누어진 내용들은 각각 블록의 위치를 나타내는 ADDRESS에 의해서 위치가 지정되는데, 이 ADDRESS의 내용을 담고 있는 테이블을 세그먼트 테이블(segment table)이라고 한다.

이에 비하여 페이징 방식(paging)은 가상기억장치에 저장하고자 하는 내용을 일정한 크기의 BLOCK인 PAGE로 저장하는 방식으로 한 페이지를 이루는 한 블록의 메모리를 PAGE FRAME이라고 한다. 컴퓨터에 따라서는 이들 두 가지를 동시에 제공하는 하이브리드 방식도 있다. 가상기억장치의 가장 큰 목적은 다수의 사용자들이 동시에 프로그램을 실행시키더라도 메인 메모리의 용량에는 구애됨이 없이 전체의 프로그램이 정상적으로 실행되도록 함에 있다.

그림 2.34에 표시한 Cache(캐시) 메모리도 이와 유사한 개념의 메모리 장치이다. 일반적으로 CPU(ALU & CU)의 속도는 매우 고속인 반면 주기억장치의 속도는 저속이다. 고속과 저속인 이들 두 장치가 동시에 일을 처리하다 보면 컴퓨터 전체의 속도는 결국 저속인 메인메모리의 속도에 지배를 받게 된다. 이의 해결방안의 하나로서 메인 메모리(예를 들어 용량 8GB)의 속도를 높이는 방안이 있으나, 이렇게 할 경우 메인 메모리의 용량이 크므로 비용이 많이 들게 된다. 그래서 고안된 것이 Cache 메모리이며, 이는 소용량(예를 들어 용량 8MB, 메인 메모리의 용량 8GB의 1/1000의 용량)이지만 매우

고속인 메모리이다. 이 Cache 메모리가 CPU(ALU & CU)와 주기억장치 사이의 중간
에 위치하여 적절한 역할을 해주면, 저렴한 가격으로 컴퓨터 전체의 속도를 마치 메인
메모리 전체를 고속화한 것처럼 올릴 수 있다.

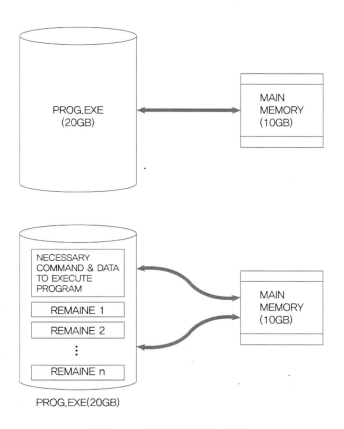

그림 2.32 가상기억장치의 개념도

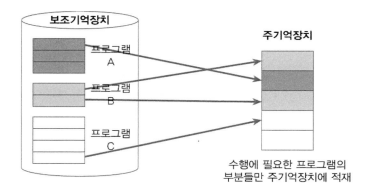

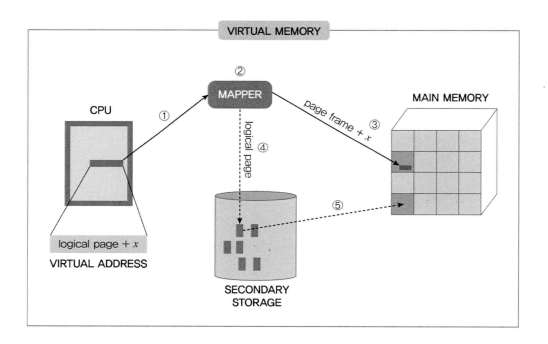

그림 2.33 가상기억장치

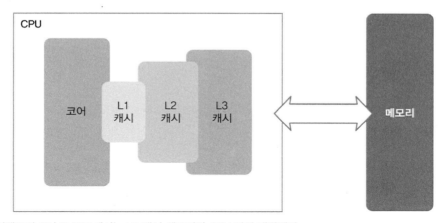

인텔코어 i7나 i5 프로세서는 L3 캐시 메모리가 CPU 안에 내장됐다.

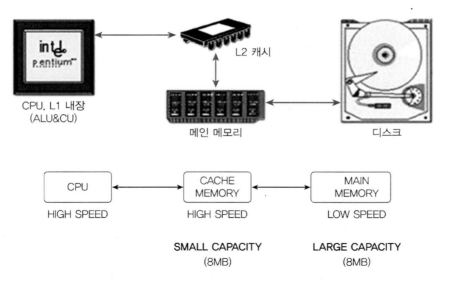

그림 2.34 Cache 메모리

2.2.3 시분할 시스템(time sharing system)

시분할 시스템은 멀티 유저시스템에서 필수 불가결한 운영체제이다. 이 방식은 여러 명의 사용자가 동시에 CPU를 사용하고자 할 경우, 각 사용자의 총 작업 처리시간과 관계없이 일정 시간을 각 사용자들에게 할당하여 이를 차례대로 실행하는 방식이다. 이 방식에서는 첫 사용자에서부터 시작하여 끝 사용자까지 일정 시간을 할당한 후, 다시 처음 사용자에게 일정 시간을 할당하는 식으로 시스템이 운용된다. 이 시스템을 사용하면, 다수의 사용자가 동시에 자기만이 대형 컴퓨터를 사용하고 있는 것처럼 보이게 할 수 있는 장점이 있다.

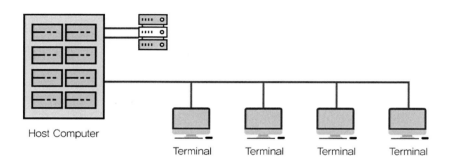

Time Sharing System

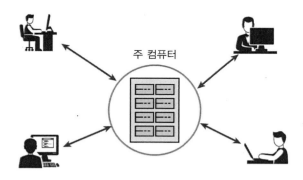

다수의 사용자가 동시에 각자의 업무를 수행한다.

그림 2.35 Host computer/Main computer와 다수의 사용자

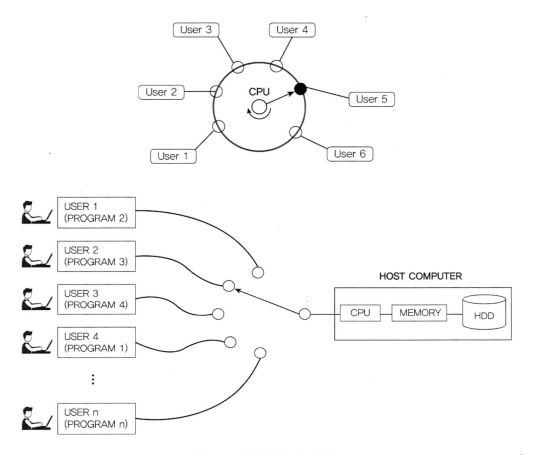

그림 2.36 시분할 시스템의 개략도

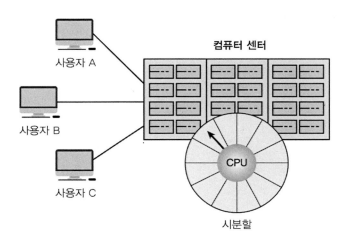

그림 2.37 시분할 시스템

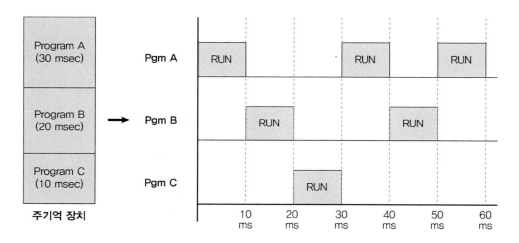

그림 2.38 시분할 시스템의 타임 스케줄

2.2.4 분산처리 시스템(distributed processing system)

사람은 그림 2.39와 같이 하나의 심장을 가지고 있다. 그러나 사람은 심장이 하나밖에 없기 때문에 심장마비가 오면 사망에 이르는 경우가 있다. 만약 사람이 작은 심장 여러 개를 갖고 있다면 이들 중 하나의 심장에서 마비가 와도 사망하지 않을 가능성이 있다. 이와 유사한 이유로 큰 파워를 가진 하나의 거대한 컴퓨터보다, 작은 파워를 가진 여러 개의 컴퓨터를 이용하여 일을 처리하는 것이 유리한 경우가 많다. 분산처리 시스템은 각각의 컴퓨터들이 별도의 프로세서와 저장장소를 갖추고 분산된 상태에서 서로 연결되어 사용된다. 이 시스템의 특징은 여러 개의 시스템 중 몇 개의 시스템이 고장이 나더라도 나머지 시스템들이 정상적으로 작동할 수 있는 특징을 갖는다.

또한, 각각의 컴퓨터가 가지고 있는 프로세서를 이용하여 서로 정보통신을 하고, 멀리 떨어져 있는 다른 시스템도 이용할 수 있게 하는 데에 주목적이 있다. 분산처리 시스템은 컴퓨터 네트워크와 함께 계속 발전하고 있다. 분산처리 시스템의 장점을 열거하면 다음과 같다.

① 소프트웨어와 장비의 확장성이 좋아짐
② 부하가 자동으로 분산됨
③ 시스템의 신뢰성 및 활용성이 높아짐
④ 자료의 처리속도와 효율이 증가함

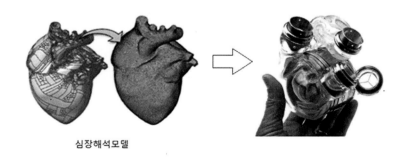

심장해석모델

그림 2.39 인공심장(하나의 심장)

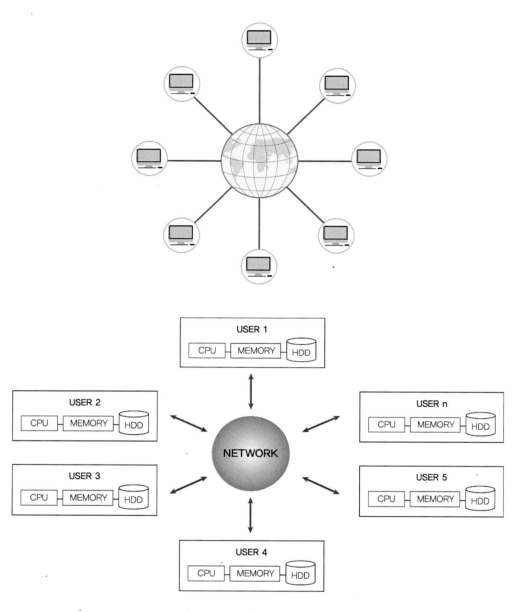

그림 2.40 분산처리 시스템의 개략도

2.2.5 버퍼(buffer)

버퍼란 컴퓨터에 있어서 입출력(input/output)시스템의 효율을 높여주기 위한 장치로서 임의의 작업을 수행하기 위한 자료 데이터, 명령들을 임시로 저장하기 위한 저장장소이다. 버퍼에는 FIFO(first in first out)방식과 LIFO(last in first out)방식의 두 가지 방식이 있으며, 흔 한글 워드프로세서에서 문서작성 중 지운(Delete) 문장이나 문자를 control + z 로 다시 불러오는 것은 LIFO방식에 해당된다.

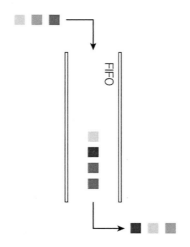

그림 2.41 FIFO(first-in first-out)방식

2.2.6 컴퓨터 내부에서의 데이터의 표현 방법

인간은 손가락이 10개이므로 이를 기본단위로 하여, 10진법을 사용하고 있으며, 아라비아 숫자인 0,1,…,9 의 열 가지 숫자를 사용하고 있다.

10진법에서의 123.4는 10을 밑수(radix 또는 base)로 하여 다음과 같이 표시된다.

$$123.4 \quad = \quad 1 \times 10^2 + 2 \times 10^1 + 3 \times 10^0 + 4 \times 10^{-1}$$

또한 2진법을 예로 든다면 2진수 0101101은 다음과 같이 2를 밑수로 하여 표현된다.

$$0101101 = 0 \times 2^6 + 1 \times 2^5 + 0 \times 2^4 + 1 \times 2^3 + 1 \times 2^2 + 0 \times 2^1 + 1 \times 2^0$$

따라서 일반적으로 n진법에 의한 수의 표현은 각 자리의 수는 0 ~ (n-1)까지의 합을 취하고, 각 자리의 수를 차례로 a_m, a_{m-1}, …, a_1, a_0 라고 하면, 임의의 수 N은 다음과 같이 표시된다.

$$N = a_m n^m + a_{m-1} n^{m-1} + ... + a_1 n^1 + a_0$$

예를 들어 8진법에서는 각 자리의 수는 0 ~ 7 사이의 어느 하나를 취하며, 16진법에서는 0~9, A, B, C, D, E, F 중의 하나를 취한다. 단, 8진법의 밑수는 8이며, 16진법의 밑수는 16이 된다. 이때 16진수의 A, B, C, D, E, F는 각각 10진법의 10, 11, 12, 13, 14, 15에 해당된다.

일반적으로 각 진법을 표시할 때에 2진법은 ( )₂, 8진법은 ( )₈, 16진법은 ( )₁₆ 과 같이 표시한다. 단, 10진수는 아무런 첨자 없이 사용한다.

전술한 방법을 사용하면 다음과 같이 8진수 625.4는 10진수의 405.5로 간단히 변환되며, 16진수 D5는 10진수의 213로 변환된다.

$$(625.4)_s = 6 \times 8^2 + 2 \times 8^1 + 5 \times 8^0 + 4 \times 8^{-1}$$
$$= 6 \times 64 + 2 \times 8 + 5 \times 1 + 4/8$$
$$= 405.5$$

$$(D5)_{16} = D \times 16^1 + 5 \times 16^0$$
$$= 13 \times 16 + 5 \times 1$$
$$= 213$$

컴퓨터는 인간이 사용하는 문자, 숫자(아리비아 숫자) 및 기호들을 0과 1의 두 가지 수를 사용하여 2진수로서 인식한다. 즉, 컴퓨터와 컴퓨터의 주변장치에서는 0과 1의 조합으로서 상호 의사소통을 하며, 이들의 의사소통에는 일정한 코드체계가 필요하다. 본 절에서는 일반적인 컴퓨터에서 사용되고 있는 세 종류의 코드 즉, BCD 코드, EBCDIC 코드 및 ASCII 코드에 대하여 알아보기로 한다.

표 2.3 10진수와 2진표현

10진수	2진수	2진표현(4bit)
0	0	0000
1	1	0001
2	10	0010
3	11	0011
4	100	0100
5	101	0101
6	110	0110
7	111	0111
8	1000	1000
9	1001	1001

표 2.4 아라비아 숫자의 변천사

ⓐ BCD(binary coded decimal) 코드

BCD 코드에서 사용하는 비트(bit)는 7개이며, 이들 중 4개의 비트는 숫자를 표현하기 위한 디지트 비트(digit bit)이고, 2개의 비트는 문자, 특수문자를 표현하기 위한 존 비트(zone bit)이며, 마지막 1개의 비트는 등가비트(parity bit, 에러를 검출하기 위한 비트)이다. 에러 검출용 비트를 빼면 6개의 비트에 의하여 숫자, 문자, 특수문자를 표현할 수 있는 총 가짓수는 64(= 2^6)가 된다.

표 2.5 BCD(Binary Coded Decimal) 코드

parity bit	zone bit		digit bit			
7	6	5	4	3	2	1

표 2.6 BCD 코드표

존 비트				디지트 비트
00	01	10	11	
0	&	–	blank	0000
1	A	J	/	0001
2	B	K	S	0010
3	C	L	T	0011
4	D	M	U	0100
5	E	N	V	0101
6	F	O	W	0110
7	G	P	X	0111
8	H	Q	Y	1000
9	I	R	Z	1001
	+ or 0	0	≠	1010
= or #		S	,	1011
@	◇ or)	*	(or %	1100

ⓑ EBCDIC(extended binary coded decimal interchange code) 코드

EBCDIC는 IBM사에서 개발한 코드로서 아홉 개의 비트로 구성되어 있다. 이들 중 4개의 비트는 BCD 코드와 같이 숫자를 표현하기 위한 디지트 비트(digit bit)이고, 4개의 비트는 문자, 특수문자를 표현하기 위한 존 비트(zone bit)이며, 마지막 1개의 비트는 등가비트이다.

이 코드를 이용하면 총256(= 2^8)개의 문자, 숫자, 특수문자를 표현할 수 있다. EBCDIC 코드에서 사용되고 있는 데이터 표현의 예는 다음과 같다.

c ⟶ 10000011

4 ⟶ 11110100

0 ⟶ 11110000

표 2.7 EBCDIC(Extended Binary Coded Decimal Interchange Code) 코드

parity bit	zone bit				digit bit			
9	8	7	6	5	4	3	2	1

표 2.8 EBCDIC 코드표

비트 01	00				01				10			
23 \ 4567	00	01	10	11	00	01	10	11	00	01	10	11
0000	NUL	DLE	DS		SP	&	−					
0001	SOH	DCI	SOS						a	j	~	
0010	STX	DC2	FS	SYN					b	k	s	
0011	ETX	TM							c	l	t	
0100	PF	RES	BYP	PN					d	m	u	
0101	HT	NL	LF	RS					e	n	v	
0110	LC	BS	ETB	UC					f	o	w	
0111	DEL	IL	ESC	EOT					g	p	x	
1000	GE	CAN							h	q	y	
1001	RLF	EM							i	r	z	
1010	SMM	CC	SM		C			:					
1011	VT	CU1	CU2	CU3	·	$	,	#				
1100	FF	IFS		DC4	⟨	*	%	@				
1101	CR	IGS	ENQ	NAK	(	)	−	·				
1110	SO	IRS	ACK		+	;	⟩	=				
1111	SI	IUS	BEL	SUB			·	?	"				

ⓒ ASCII(american standard code for information interchange) 코드

ASCII 코드는 총 여덟 개의 비트로 구성되어 있다. ASCII 코드에서는 에러 검출용 비트(parity bit)를 빼면 일곱 개의 비트로 장치 간의 정보교환이 가능하며, 총 128 (= 2^7)개의 문자, 숫자, 특수문자를 표현할 수 있다. ASCII 코드에서는 BCD 코드, EBCDIC 코드와는 달리 총 사용되는 비트 숫자 8개 중에서 7개의 비트는 문자, 숫자 및 특수문자를 서로 혼용하여 사용하고, 마지막 1개의 비트를 등가비트(parity bit)로 사용하고 있다.

ASCII 코드에서 사용되고 있는 데이터 표현의 예는 다음과 같다.

c $\longrightarrow$ 1100011

4 $\longrightarrow$ 0110100

0 $\longrightarrow$ 0110000

표 2.9 ASCII 코드의 배열

parity bit	data bit							
8	7	6	5	4	3	2	1	

표 2.10 ASCII 코드

b3	b2	b1	b6 b5 b4 b0	0 0 0 0	0 0 1 1	0 1 0 0	0 1 1 1	1 0 0 0	1 0 1 1	1 1 0 0	1 1 1 1
0	0	0	0	NUL	DLE	SP	0	@	P	\	p
0	0	0	1	SOH	DCI	!	1	A	Q	a	q
0	0	1	0	STX	DC2	"	2	B	R	b	r
0	0	1	1	ETX	DC3	#	3	C	S	c	s
0	1	0	0	EOT	DC4	S	4	D	T	d	t
0	1	0	1	ENQ	NAK	%	5	E	U	f	u
0	1	1	0	ACK	SYN	&	6	F	V	e	v
0	1	1	1	BEL	ETB	/	7	G	W	g	w
1	0	0	0	BS	CAN	(	8	H	X	h	x
1	0	0	1	HT	EM	)	9	I	Y	i	y
1	0	1	0	LF	SUB	*	:	J	Z	j	z
1	0	1	1	VT	ESC	+	;	K	[	k	{
1	1	0	0	FF	FS	,	⟨	L	\	l	l
1	1	0	1	CR	GS	−	=	M	]	m	}
1	1	1	0	SO	RS	·	⟩	N	∨	n	⌐
1	1	1	1	SI	US	/	?	O	−	o	DEL

ⓓ 등가비트(parity bit)

등가비트란 사용된 1의 숫자의 합이 짝수인지 홀수인지에 따라 등가비트의 값이 0 이나 1로 결정되는 비트로서, 에러를 검출하기 위한 비트이다. 등가비트가 짝수 개로 맞추어진 경우를 even parity라 하고, 홀수 개로 맞추어진 경우를 odd parity라 한다. EBCDIC 코드에서 odd parity를 사용한 시스템인 경우의 등가비트의 값은 다음과 같다.

c ⟶ $\underline{0}$10000011

4 ⟶ $\underline{0}$11110100

0 ⟶ $\underline{1}$11110000

표 2.12는 수평(방향)parity와 수직(방향)parity를 표시한 것으로, 예를 들어 숫자 8의 위에서 2번째와 6번째 비트가 에러로 인하여 0에서 1로 동시에 바뀌었다고 가정했을 때, 두 곳에서 에러가 발생하였으므로 수평parity만 가지고는 모든 에러를 검출할 수가 없다. 따라서 컴퓨터 내부에서는 표 2.12에서와 같이 새로이 수직parity를 도입함으로써, 두 곳에서 동시에 일어난 에러도 검출할 수 있게 구성하였다.

표 2.11 홀수 parity와 짝수 parity

10진수	BCD 코드 (디지트 비트)	홀수패리티	짝수패리티
0	0000	10000	00000
1	0001	00001	10001
2	0010	00010	10010
3	0011	10011	00011
4	0100	00100	10100
5	0101	10101	00101
6	0110	10110	00110
7	0111	00111	10111
8	1000	01000	11000
9	1001	11001	01001

표 2.12 수평 parity와 수직 parity

	5	8	A	%	. . . .	수평방향 등가비트 (짝수)
수직방향 등가비트 (홀수)	<u>1</u>	<u>0</u>	<u>1</u>	<u>0</u>	. . . .	*0*
	0	0 → *1*	1	0	. . . .	*1*
	1	1	0	1	. . . .	*1*
	1	1	0	0	. . . .	*0*
	0	1	0	0	. . . .	*1*
	1	0 → *1*	0	1	. . . .	*0*
	0	0	0	0	. . . .	*0*
	1	0	1	1	. . . .	*1*

2.2.7 정렬(sorting)

컴퓨터의 기억장치 내부의 숫자 또는 문자들의 집합을 순차적으로 정렬시키는 방법에 대하여 고찰해보기로 한다. 숫자 또는 문자들이 일정한 패턴으로 정렬되어 있다면 그 중에서 특이한 요소를 발견하여 수정하는 것은 매우 쉬울 것이다. 정렬은 정렬되는 레코드들이 주기억장치 안에 있는 내부정렬(internal sort)과 보조기억장치 안에 있는 외부정렬(external sort)로 구분된다.

일반적으로 프로그래머는 특정한 문제에 어떤 정렬방법이 가장 적절한지 결정하기 위하여 다음과 같은 사항들을 고려하게 된다.

① 프로그램을 작성하는 데 필요로 하는 시간(programming time)

② 프로그램을 수행하는 데 소요되는 시간(computing time)

③ 프로그램에 소요되는 기억 공간(memory size)

상기한 항목들을 고려하여 정렬기법이 결정되면 프로그래머는 가능한 한 프로그램을 효율적으로 작성하여야 한다. 파일을 정렬하는 방법으로는 a)버블 정렬(bubble sort), b)퀵 정렬(quick sort), c)선택 정렬(selection sort), d)삽입 정렬(insertion sort) 등이 있으며, 이들 각각에 대하여 상세히 알아보기로 한다.

(1) 버블 정렬(bubble sort)

버블 정렬의 기본적인 알고리즘(algorithm)은 정렬하고자 하는 파일에서 가장 큰 수 (요소)를 찾아서 제일 뒤로 가지고 가는 것이다. 즉, 각 패스는 파일 안에 있는 각 요소들을 다음 요소와 비교하여(x_i와 x_{i+1}을 비교) 적절한 위치가 아니면 두 요소를 교환한다. 버블 정렬(bubble sort)의 기본 개념을 그림으로 표시하면 그림 2.42와 같이 된다.

그림 2.42 버블 정렬(bubble sort)의 기본 개념

예를 들어 다음과 같은 파일을 버블 정렬을 이용하여 정렬하는 과정을 생각해 보기로 한다.

    125 157 148 137 112 192 186 133

전술한 알고리즘에 의하여 첫 번째 패스 후에 파일 안의 숫자들의 순서는 다음과 같이 된다.

    125 148 137 112 157 186 133 *192*

가장 큰 요소(여기서는 *192*)가 배열의 제일 뒤로 위치하였음을 알 수 있다. 두 번째 패스 후의 파일은 다음과 같이 된다.

    125 137 112 148 157 133 *186* 192

여기에서는 *186*의 위치가 변동하였다. 이 예로부터 알 수 있듯이 버블 정렬에서는 매번 패스를 반복할 때마다 새로운 요소가 제 위치에 놓여지기 때문에, n개의 요소로 구성된 파일은 n-1번의 반복이 필요하며, 반복과정을 처음부터 끝까지 표시하면 다음과 같이 된다.

125	157	148	137	112	192	186	133	→	샘플 파일
125	148	137	112	157	186	133	*192*	→	반복 1
125	137	112	148	157	133	*186*	*192*	→	반복 2
125	112	137	148	133	*157*	*186*	*192*	→	반복 3
112	125	137	133	*148*	*157*	*186*	*192*	→	반복 4
112	125	133	*137*	*148*	*157*	*186*	*192*	→	반복 5
112	125	*133*	*137*	*148*	*157*	*186*	*192*	→	반복 6
112	*125*	*133*	*137*	*148*	*157*	*186*	*192*	→	반복 7(완료)

이 샘플 파일은 5번의 반복 후에 정렬이 실질적으로 완료되었으며, 마지막 두 번의 패스는 필요 없었음을 알 수 있다. 이 버블 정렬의 특징을 정리하면 다음과 같다.

① 이해하기 쉽고 프로그램을 작성하기 쉽다.

② 부가적인 공간(레코드를 교환하기 위하여 임시로 값을 보관하는 기억 공간)이 필요 없다.

③ n개의 요소를 가진 파일은 n-1번의 반복이 필요하다.

④ 패스가 진행될수록 처리속도는 빨라진다(n개의 요소를 가진 파일에 대하여 첫 번째 패스에서는 n-1번의 비교를 하고, 두 번째 패스에서는 n-2번 비교를 하며, 계속 진행하면 n-1번째 패스에서는 한 번(x_1와 x_2)만 비교하게 된다.).

(2) 선택 정렬(selection sort)

선택 정렬의 기본적인 알고리즘은 전술한 버블정렬의 반대의 개념을 갖는 것으로, 주어진 파일의 요소 중 a_1부터 시작하여 최소치를 찾아 제일 앞에 있는 것과 서로 위치를 교환하는 것이다. 즉,

① 주어진 수의 배열 a_1 ~ a_n에서 a_1을 기준으로 a_1에서부터 a_n까지의 모든 레코드를 비교하여 가장 작은 레코드 a_i를 선택하여 선택된 레코드 a_i와 a_1의 위치를 서로 교환한다.

② 다음으로 a_2부터 a_n까지의 레코드를 비교하여 가장 작은 레코드를 a_2와 위치를 서로 교환하는 방식이다. 만일 레코드들을 비교하여 작은 레코드가 존재하지 않을 경우는 현 상태를 그대로 놓는다. 선택 정렬의 기본 개념을 그림으로 표시하면 그림 2.43과 같이 된다.

그림 2.43 선택 정렬(selection sort)의 기본 개념

예를 들어 샘플 파일이 (144 155 112 194 118 106 167)인 숫자들을 선택 정렬을 이용하여 정렬하는 과정을 생각해 보기로 한다. a_1인 144를 기준으로 a_2, …, a_8 까지 비교하여 값이 최소인 숫자 106을 발견하고 서로 교환한다. 다음으로 a_2 인 155를 기준으로 같은 방법을 전술한 알고리즘대로 진행한다. 선택 정렬의 반복과정을 처음부터 끝까지 표시하면 다음과 같이 된다.

144   155   112   194   118   106   167   ⟶ 샘플 파일

144   155   112   194   118   *106*   167   ⟶ 반복 1

~~106~~   *155*   *112*   194   118   144   167   ⟶ 반복 2

~~106~~   ~~112~~   *155*   194   *118*   144   167   ⟶ 반복 3

~~106~~   ~~112~~   ~~118~~   *194*   155   *144*   167   ⟶ 반복 4

~~106~~   ~~112~~   ~~118~~   ~~144~~   155   194   167   ⟶ 반복 5(교환할 필요 없음)

~~106~~   ~~112~~   ~~118~~   ~~144~~   ~~155~~   *194*   *167*   ⟶ 반복 6

~~106~~   ~~112~~   ~~118~~   ~~144~~   ~~155~~   ~~167~~   194   ⟶ 반복 7(완료)

(3) 삽입 정렬(insertion sort)

삽입 정렬의 기본적인 알고리즘은 주어진 요소 $(a_1\ a_2\ a_3\ \cdots\ a_n)$에 대하여

① a_2를 a_1과 비교하여 작으면 a_1앞에 삽입하고, 크면 그대로 현 위치에 위치시킨다.

② 다음으로 a_3를 a_1과 비교하여 작으면 a_1 앞에 삽입하고, a_2와 비교하여 작으면 a_2 앞에 삽입하고, 크면 그대로 현 위치에 위치시킨다.

즉, 이 방법은 주어진 배열 중 앞에서 두 번째 데이터를 기준으로 시작하여 두 번째 데이터를 첫 번째 데이터와 비교하여 두 번째 데이터가 작으면 첫 번째 데이터 앞에 두 번째 데이터를 삽입시키고, 두 번째 데이터가 크면 두 번째 위치에 삽입시킨다. 다음으로 세 번째 데이터를 기준으로 세 번째 데이터와 첫 번째, 두 번째, 세 번째 비교하여 순서에 맞도록 적당한 장소에 삽입시키는 정렬법이다. 삽입 정렬(insertion sort)의 기본 개념을 그림으로 표시하면 그림 2.44와 같이 된다.

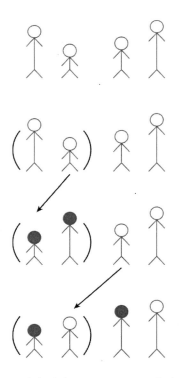

그림 2.44 삽입 정렬(insertion sort)의 기본 개념

예를 들어 샘플 파일이 (155 144 112 142 194 118 106 167)인 숫자들을 삽입 정렬을 이용하여 정렬하는 과정을 생각해 보기로 한다.

(155 144) 112 142 194 118 106 167

앞에서 두 번째 레코드인 144를 선택하여 첫 번째 레코드 155와 비교하면 레코드 1(144)< 레코드 2(155)이므로 첫 번째 위치에 삽입한다.

(~~144 155~~) 112 142 194 118 106 167

다음 레코드 3인 112를 선택하여 레코드 2와 비교하여 레코드 3이 작으므로 레코드 2를 3번의 위치로 이동시키고 레코드 1과 비교하면 {레코드 1 > 레코드 3}이므로 레코드 1 앞에 레코드 3이 삽입된다.

(~~112 144 155~~) 142 194 148 106 167

다음으로 레코드 4인 142를 선택하여 적당한 위치에 삽입시키면 된다.

(~~112 142 144 155~~) 194 148 106 167

이와 같은 반복과정을 처음부터 끝까지 재현을 하면 다음과 같이 된다.

155	144	112	142	194	118	106	167	→	샘플 파일
(~~144	155~~)	112	142	194	118	106	167	→	반복 1
(~~112	144	155~~)	142	194	148	106	167	→	반복 2
(~~112	142	144	155~~)	194	148	106	167	→	반복 3
(~~112	142	144	155	194~~)	148	106	167	→	반복 4
(~~112	142	144	148	155	194~~)	106	167	→	반복 5
(~~106	112	142	144	148	155	194~~)	167	→	반복 6
(~~106	112	142	144	148	155	167	194~~)	→	반복 7(완료)

(4) 퀵 정렬(quick sort)

주어진 배열이 다음과 같다고 하자(단, n은 배열 안에 있는 요소의 수임).

$(a_1\ a_2\ a_3\ \cdots\ a_{j-1})\ a\ (a_{j+1}\ \cdots\ a_n)$

퀵 정렬의 기본적인 알고리즘은 다음과 같다.

① 요소 a_1부터 a_{j-1}까지의 모든 요소들은 a 보다 작거나 같다.
② 요소 a_{j+1}부터 a_n까지의 모든 요소들은 a 보다 크거나 같다.

요소 a_1부터 a_{j-1}까지로 구성된 부배열(sub-array)과 요소 a_{j+1}부터 a_n까지로 구성된 부배열 그리고 중간과정에서 만들어지는 부배열도 계속 반복 처리하면 최종적으로 정렬된 파일이 만들어진다.

그림 2.45 퀵 정렬(quick sort)의 기본 개념

예를 들어 샘플 파일이 (125 157 148 137 112 192 186 133)인 숫자들을 퀵 정렬을 이용하여 정렬하는 과정을 생각해 보기로 한다.

125   157   148   137   112   192   186   133

첫 번째 요소가 (125) 제 위치에 놓인다면 결과는 다음과 같다.

(*112*) 125   (*148 137 157 192 186 133*)

이제 125가 제 위치로 이동하였으므로 본래의 문제는 다음과 같이 2개의 부배열 (subarray) (*112*) 및 (*148   137   157   192   186   133*)로 분리된다.

이들 2개의 부배열 중에서 첫 번째 부배열은 1개 요소로 구성되어 있으므로 정렬을 할 필요가 없다. 따라서 두 번째 부배열을 정렬하기로 한다.

112   125   (*148 137 157 192 186 133*)

아직 정렬되지 않은 부배열은 괄호 안에 있으며, 퀵 정렬을 계속하면 다음과 같이 된다.

112   125   (*133 137*)   148   (*192 186 157*)

이와 같은 반복과정을 처음부터 끝까지 재현을 하면 다음과 같이 된다.

125	157	148	137	112	192	186	133	→ 샘플 파일
(112)	125	(148	137	157	192	186	133)	→ 반복 1
~~112~~	~~125~~	(148	137	157	192	186	133)	→ 반복 2
~~112~~	~~125~~	(133	137)	148	(192	186	157)	→ 반복 3
~~112~~	~~125~~	~~133~~	(137)	148	(192	186	157)	→ 반복 4
~~112~~	~~125~~	~~133~~	~~137~~	~~148~~	(192	186	157)	→ 반복 5
~~112~~	~~125~~	~~133~~	~~137~~	~~148~~	(157	186)	192	→ 반복 6
~~112~~	~~125~~	~~133~~	~~137~~	~~148~~	~~157~~	(186)	192	→ 반복 7
~~112~~	~~125~~	~~133~~	~~137~~	~~148~~	~~157~~	~~186~~	~~192~~	→ 반복 8(완료)

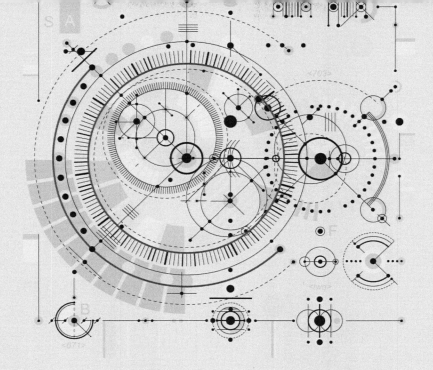

3

CAD시스템의 하드웨어 및 소프트웨어

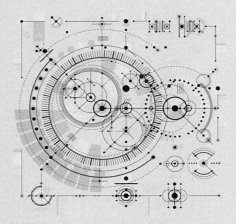

3.1 CAD시스템의 하드웨어

CAD시스템의 하드웨어의 구성은 일반 컴퓨터와 거의 유사하며 이곳에서는 CAD시스템에서 주로 사용되는 그래픽 입력장치와 그래픽 출력장치에 초점을 맞추어 서술하기로 한다.

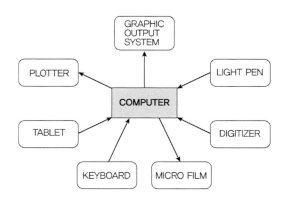

그림 3.1 CAD시스템의 하드웨어 구성도

3.1.1 그래픽 입력장치

(1) 라이트 펜(light pen)

라이트 펜은 대표적인 점 인식장치로서 그래픽 입력장치로서는 가장 오래된 장치이다. 이 장치의 작동원리는 리프레시형 디스플레이에서 픽셀이 발광하는 것을 감지하여 작동하게 되어 있다. 라이트 펜의 형상은 보통 필기도구와 같은 형상을 하고 있으며, 펜의 끝에는 빛을 감지할 수 있는 구멍이 있다. 빛 감지부는 빛 에너지를 플립플롭(flip-flop)회로를 통하여 전기의 흐름으로 바꾸어 준다.

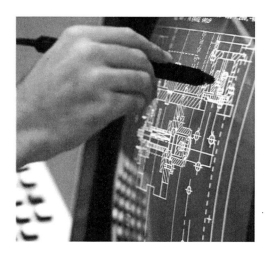

그림 3.2 라이트 펜(light pen)

(2) 태블릿(tablet)

태블릿은 위치제어용 장치로서 평평한 판과 스타일러스 펜(stylus pen) 그리고 퍽 (puck)으로 구성되어 있다. 태블릿의 적용 범위는 태블릿면의 크기에 의해서 한정되 며, 이 한도 내에서 스타일러스 팁에 의해서 위치를 인식하는 기법을 사용한다.

태블릿의 가장 큰 장점은 정확한 위치 데이터를 얻을 수 있는 데 있다. 이는 태블릿이 스타일러스를 이용하여 도면에 그려진 라인을 디지타이징하는 데 유용하게 사용하기 때문이며, 태블릿을 디지타이저라고도 할 수 있다. 태블릿과 디지타이저의 정확한 구 분은 없으나 일반적으로 태블릿은 디지타이저보다는 조금 더 대화식으로 사용할 수 있으며, 디지타이저는 공간적으로 태블릿에 비하여 조금 더 큰 면적을 차지한다. 이와 같은 특징을 갖는 태블릿에는 RAND tablet, sylvania tablet 그리고 acoustic tablet 등 이 있다.

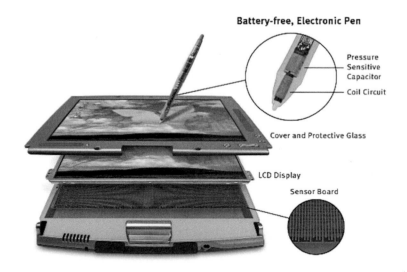

그림 3.3 태블릿: 태블릿은 평면판 위의 임의의 위치를 펜으로 접촉해 컴퓨터에 정보를 입력할 수 있도록 한 장치이다.

(3) 디지타이저(digitizer)

그래픽 태블릿은 소프트웨어에 의해서 디지타이저로써도 사용할 수 있으며, 이는 연속적으로 필요한 자료를 정확히 입력시킬 수 있다. 디지타이저의 구성은 디지타이징하기 위한 표면과 헤드(펜 또는 퍽)이며, 이들은 부분적으로 작업 수행능력을 갖고 있다.

디지타이징하는 표면은 편편한 사각면으로 그 위에 도면을 올려놓고 필요한 곳을 디지타이징한다. 수동식 디지타이저는 디지타이징 헤드를 가지고 있는데 이 디지타이징 헤드에는 제어용 줄이 인터페이스로부터 나와 있다. 퍽은 손에 쥘 수 있으며, 디지타이징 면 위를 자유로이 움직일 수 있고, 위치를 선택할 수 있는 구조와 버튼들로 구성되어 있다.

그림 3.4 디지타이저

그림 3.5 3차원 입력장치: 자동차/기계부품 등 3차원 위치정보를 컴퓨터에 입력하기 위한 장치

3.1.2 그래픽 출력장치

CAD용 출력장치는 설계한 결과를 화면을 통하여 설계자에게 보여주기 위한 장치인 그래픽 디스플레이와 종이나 필름에 그 결과를 출력시키는 하드카피 플로터로 구분할 수 있다. 이 절에서는 하드카피 플로터에 대하여 중점적으로 다루기로 한다.

(1) XY펜플로터(XY pen plotter)

ⓐ flat bed형 플로터

이 플로터는 평평한 테이블 형태를 하고 있으며, 플로팅 헤드 혹은 pen actuator holder가 전후좌우로 종이 위에서 움직이면서 그림을 그리도록 되어 있다. 이때 프로팅헤드는 크로스바를 따라서 수직 운동을 하고, 종이가 위치하는 표면의 양쪽에 있는 바에 의해서 X 및 Y방향으로 수평운동을 하면서 펜이 종이에 그림을 그리는 방식이다.

(a)

(a)

그림 3.6 flat bed형 플로터

ⓑ 드럼형 플로터(drum type plotter)

이 장치에서는 플로팅 헤드가 크로스바를 따라 수평으로만 움직이며 종이가 부착
된 드럼이 전후로 회전하면서 수직방향을 제어하여 그림을 그리는 방식이다. XY
플로터에서 사용하는 플로팅 헤드는 액추에이터와 홀더로 구성되어 있다.

flat bed형 플로터는 드럼형 플러터에 비하여 많은 공간은 차지하며, flat bed형 플
로터와 드럼형 플러터의 중간에 해당하는 tilt bed형 플로터도 개발되어 시판되고
있다.

(a)

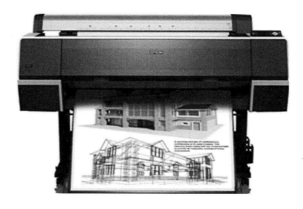

(b)

그림 3.7 드럼형 플로터(A0용지(840x1189mm)까지 출력이 가능)

(2) 마이크로필름(micro film)

마이크로필름이란 도면, 문서, 재료 등 각종 기록물을 고도로 축소촬영하여 고해상력을 가진 필름에 기록한 기록매체를 말한다. 마이크로필름은 고밀도 기록이 가능하여 대용량화하기가 쉬우며, 기록 품질이 매우 좋다. 또한 매체 비용이 매우 낮고, 장기 보존이 가능하며 기록 내용을 확대하면 그대로 재현이 가능하다.

따라서 마이크로필름은 오래전부터 다양한 분야에서 자료를 저장하고 관리하는 데에 널리 사용되어 왔으며, 일반적인 자료 검색, 보관 기능 이외에 컴퓨터를 이용하여 마이크로필름을 관리하는 데에까지 활용범위를 넓혀가고 있다. 마이크로사진의 축소율은 보통 1/10~1/40(직선비) 정도이며, 따라서 그 내용을 육안으로 직접 읽기란 어렵고 반드시 판독기(microfilm reader)나 판독복사기(microfilm reader printer)를 이용하여 확대해서 읽는다.

마이크로사진에는 보통 초미립자 필름이나 초미립자 건판(乾板)이 쓰이는데, 필름의 경우에는 16mm나 35mm의 퍼포레이션이 없는(non-perforated) 롤필름이 쓰이나 대형 도면을 복사할 때는 70mm나 105mm 폭 필름을 쓰기도 한다. 원고를 축소 기록하여 두었다가 그것을 필요로 할 때 확대해서 사용한다는 점이 마이크로사진의 특징이다. 이와 같이 마이크로사진을 촬영하는 것을 마이크로 필밍(microfilming), 그리고 이 촬영장치를 마이크로 필머(microfilmer)라고 하는데 마이크로필밍은 단지 마이크로필름을 찍는다는 뜻만이 아니고 마이크로필름의 판독/복사/보관/검색 등 모든 이용법을 총칭하는 경우가 많다.

이 장비는 현재로서는 연구/개발의 소지가 많다. 그 이유는 읽혀지는 영상의 임의성과 인식되어질 형태의 임의성이 장비의 개발을 어렵게 하고 있기 때문이다. 이들 장비는 일반적으로 on line과 off line으로 사용할 수 있는 특징을 가지고 있다. 마이크로필름의 대표적인 장점을 요약하면 다음과 같다.

ⓐ 장소의 효율적 이용
ⓑ 노동력 절약
ⓒ 정보의 축소화

ⓒ 정확성, 신뢰성, 신속성

ⓔ 정보의 통일화

ⓕ 복원성

ⓖ 보존성, 안정성

그림 3.8 각종 마이크로필름(micro film)

그림 3.9 신문을 마이크로 필름화한 예: 신문을 마이크로 필름화함으로써 적은 공간에 다량의 보관이 가능함

3.2 CAD시스템의 소프트웨어

현재 시중에 판매되고 있는 CAD용 소프트웨어는 그 수가 대단히 많으며, 이 소프트웨어들을 모두 이 책에서 소개할 수는 없다. 그러나 CAD용 소프트웨어로서의 역할을 하기 위해서는 기본적으로 공통된 구성요소들을 갖추어야 한다. 예를 들어 자동차에는 버스, 트럭, 승용차(세단, 스포츠카...) 등 대단히 많은 종류가 있다. 하지만 자동차라고 불리기 위해서는 이들에게는 기본적으로 갖추어야 할 요소 즉, 핸들, 브레이크, 바퀴 등이 있어야 한다. 이 절에서는 CAD용 소프트웨어가 갖추어야 할 기본적인 요소(모듈)들에 대하여 소개하기로 한다. 일반적으로 CAD용 소프트웨어에는 그래픽모듈, 서류화 모듈, 서피스 모듈, NC모듈 그리고 해석 모듈로 구성되어 있다.

CAD용 소프트웨어가 수행하는 주된 역할은 사람과 컴퓨터의 중간 매개 역할이라고 할 수 있다. 즉, 설계자가 디스플레이 터미널에 그림 형태로 자료를 입력시키면 CAD 소프트웨어는 이 그림 자료를 숫자적 의미로서 컴퓨터에서 인식할 수 있도록 바꾸어야 한다. 그리고 이 과정의 역순으로 컴퓨터에서 처리된 숫자를 설계자가 이해하기 쉽도록 그림으로 나타내어야 한다. CAD용 소프트웨어에서 이 같은 역할을 할 수 있도록 해주는 것은 그래픽용 하드웨어이다. 또한 데이터베이스를 관리하는 소프트웨어도 CAD용 소프트웨어의 중요한 위치를 차지하며, 이와 같은 소프트웨어 들은 설계자가 효율적으로 컴퓨터를 사용할 수 있는 명령어들로 되어 있다.

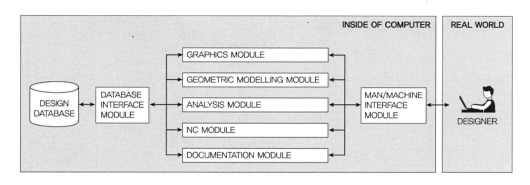

그림 3.10 CAD용 소프트웨어가 기본적으로 갖추어야 할 모듈들

3.2.1 그래픽스 모듈(graphics module)

그래픽스 모듈은 그래픽적으로 입출력되는 모든 기능을 제공하는 모듈을 말한다. 이 모듈은 입력된 데이터로부터 그래픽 내용을 처리하기 위한 부분과 처리된 내용을 디스플레이 시키기 위한 부분으로 구성되어 있다.

(1) 그래픽요소 생성용 서브모듈(graphic element creation sub-module)

generation command라고도 하며, 모니터 상에 그래픽을 하기 위한 기본 형상을 나타내기 위한 명령어이다.

예 circle, line, rectangle, arc, point 등(오토캐드의 그리기(draw) 명령에 해당함)

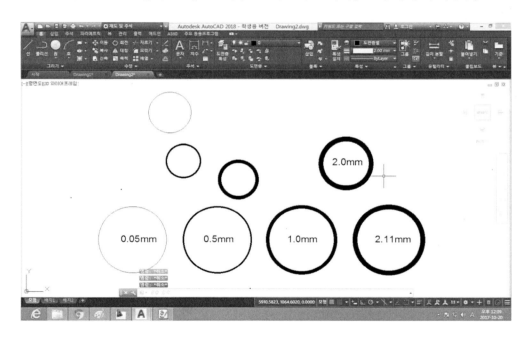

그림 3.11(a) 선의 굵기가 서로 다른 원(circle) 그리기

(2) 데이터 수정용 서브모듈(data modification sub-module)

이 서브모듈은 그래픽요소 생성용 서브모듈에서 이미 만들어진 데이터를 수정함으로써 새로운 도형을 만드는 데 사용되는 명령어이다. 즉, 모니터 상에 만들어진 형상을 모니터 상의 다른 위치로 이동시키거나, 임의의 축을 기준으로 회전시키는 서브모듈이다. 또한, 임의의 한 점 또는 임의의 축을 기준으로 대칭으로 만드는 등 좌푯값을 변환시키는 기능을 갖는다.

예 explode, copy, trim, extend, break, split, symmetry, translation 등(오토캐드의 수정(modify) 명령에 해당함)

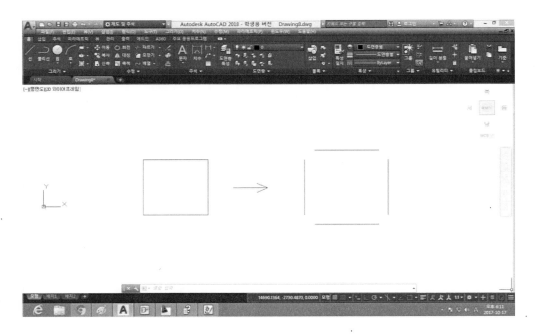

그림 3.11(b) 사각형요소를 폭파(explode)하기

(3) 화면제어용 서브 모듈(view control sub-module)

설계자가 설계대상물을 보기 쉽도록 뷰포트의 수를 여러 개로 하거나, 화면에 나타난 그림의 크기를 크게 또는 작게 하는 데 사용되는 명령어이다. 이 명령어는 실제로 입력된 데이터 또는 입력된 물체의 크기는 변환시키지 않고, 단지 보이는 상태만 변환시키는 기능을 갖는다.

예 zoom, viewport, regen, hide, pan 등(오토캐드의 뷰(view) 명령에 해당함)

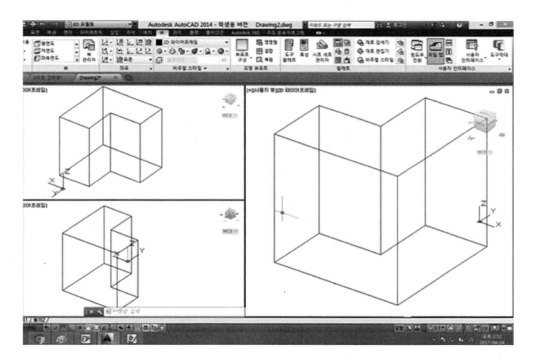

그림 3.11(c) 설계대상물을 3개의 뷰포트(viewport)에 표시하기

3.2.2 기하학적 형상 모델링 모듈(geometric modeling module)

기하학적 형상 모델링 모듈이란 설계대상물을 3차원적으로 컴퓨터 내부에 표현하기 위한 모듈이다. 형상 모델을 형성시키는 방법은 주로 곡선(curve) 또는 곡면(patch) 등을 이용하여 만들며, 후술하는 솔리드 모델링(solid modeling)을 이용하여 만들어진 모델을 서피스 모델(surface model)로 바꾸어 모델을 형성시킬 수도 있다. 형상모델링에 대한 구체적인 사항은 다음 장의 자유곡선, 자유 곡면 그리고 기하학적 형상모델링에서 자세히 다루기로 한다.

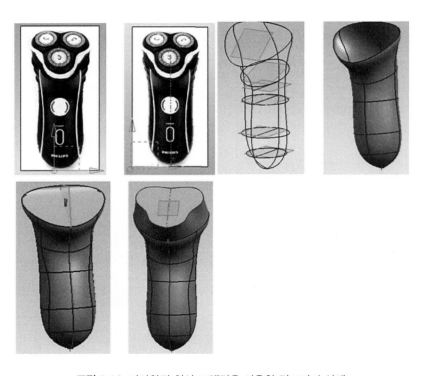

그림 3.12 기하학적 형상 모델링을 이용한 면도기의 설계

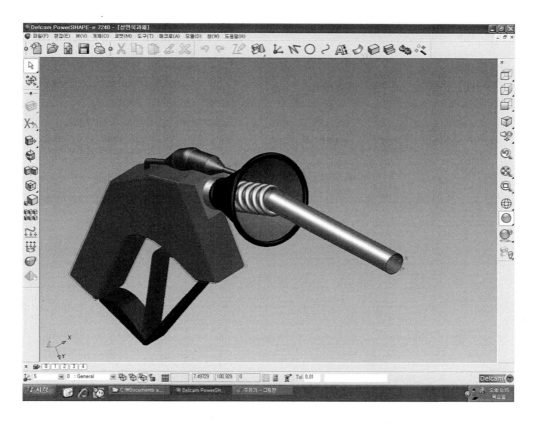

그림 3.13 기하학적 형상 모델링을 이용한 주유기의 설계

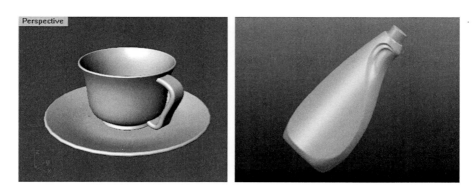

그림 3.14 기하학적 형상 모델링을 이용한 커피잔 및 엔진오일통의 설계

3.2.3 NC모듈(numerical control module)

이 모듈은 주로 CAM에서 사용하는 모듈로서 전술한 기하학적 형상모델링 모듈에 의해서 형성된 서피스를 이용하여, NC 파트프로그램에 사용되는 가공공구의 특성들을 설계용 데이터베이스로부터 찾아서 NC 파트프로그램을 작성하는 모듈이다. 즉, 주어진 서피스 형상을 어떻게 가공할 것인가를 결정하기 위하여, 공구의 종류, 공구 이송속도, 공구회전속도, 공구이송방향 등의 정보를 만들어 내는 것이다. NC 파트프로그램은 APT, FAPT EXAPT 등에서 선택하여 자동으로 파트프로그램을 작성한다.

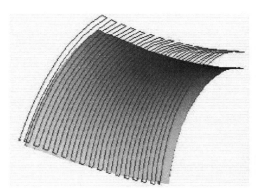
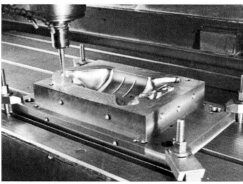
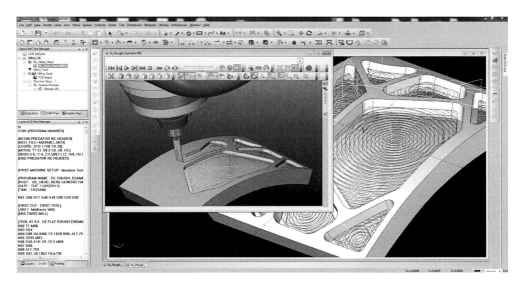

그림 3.15 NC모듈을 이용하여 형상가공을 하기 위한 Tool path

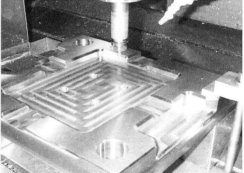

그림 3.16 NC 공작기계

3.2.4 해석 모듈(analysis module)

이 모듈은 해석용 패키지를 이용하여 해석하고자 하는 형상자료를 패키지에 입력시키고, 해석된 결과를 패키지로 출력시킬 수 있도록 입출력 데이터를 처리한다. 예를 들어 설계자에 의해서 만들어진 CAD 설계 자료를 이용하여, 해석용 패키지가 필요로 하는 입력데이터들을 자동으로 생성한다면, 이는 사람에 의한 작업의 오류를 사전에 제거하는 것이 된다. 또한, 해석 결과에 잘못이 있을 경우 설계 변경을 한 후, 다시 해석용 패키지를 이용하여 설계 변경 결과를 해석해 봄으로써 보다 더 효율적으로 설계를 할 수 있다. 해석용 패키지로는 주로 FEM(유한요소법)이 많이 사용되며, 유한요소법의 기본인 메시(mesh)를 자동적으로 형성시켜주는 메시 자동생성기(mesh generator)를 이용하면 편리하다.

그리고 해석된 결과인 수치데이터를 이용하여 해석결과를 메시의 형태로 그래픽 디스플레이하여, 이상이 있는 부분을 색이 다르게 나타내면 설계자에게 효율적인 정보를 제공하는 데 기여할 수 있다.

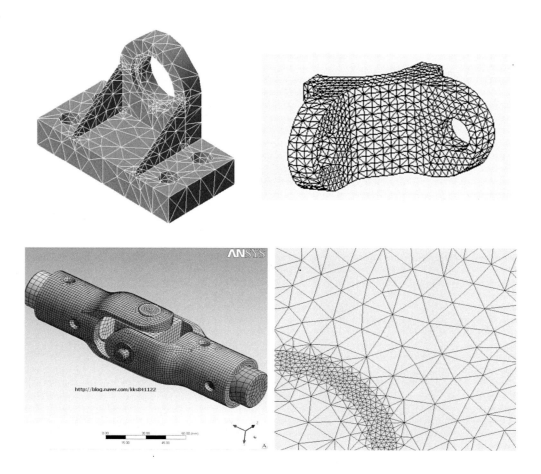

그림 3.17 유한요소법(Finite Element Method)을 적용하기 위한 메시 분할(3각요소/4각요소)

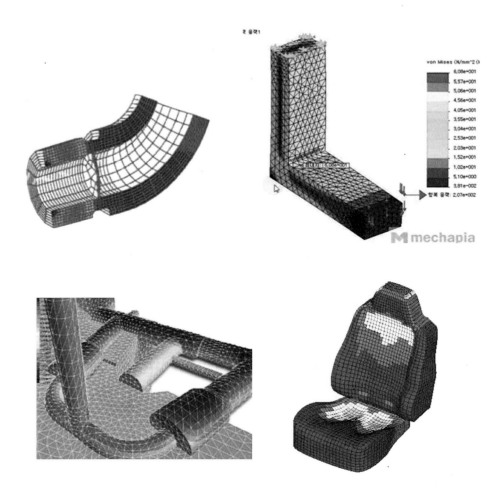

그림 3.18 설계해석 결과의 프리-포스트 프로세싱(pre-post processing)

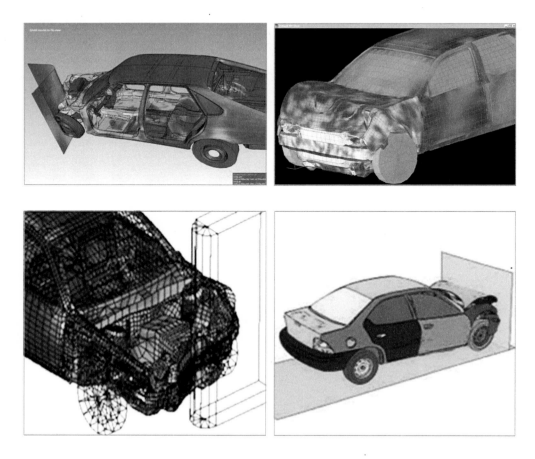

그림 3.19 자동차의 정면충돌 시 전해지는 충격의 크기를 유한요소법(FEM)을 이용하여 해석한 결과

그림 3.20 자동차의 정면충돌 시 전해지는 충격의 크기의 실험 결과

3.2.5 설계 데이터베이스(design database)

설계 데이터에는 불변 데이터와 가변 데이터가 있다. 불변 데이터란 표준규격(KS, JIS, DIN..), 공업규격, 그래픽에서 사용되는 표준 심벌 등 각종 기준치들이 이에 해당한다. 그리고 가변 데이터는 프로젝트별 데이터, 생산 품목별 데이터, 공정별 데이터 등을 말한다.

설계 데이터베이스에는 다음과 같은 것들이 수록된다.

ⓐ 재료의 특성치로서 밀도, 무게, 무게 중심, 관성모멘트, 재료의 경도, 허용 강도, 부피 등 재료의 본질적인 성질에 관한 데이터

ⓑ 원자재의 수급에 관한 자료로 자재의 공급처, 공급가격, 자재공급능력 등에 대한 데이터

ⓒ 각종 자료에 대한 국제적인 규격에 관한 자료로 사용하고자 하는 부품의 기하학적 크기, 성능, 용량을 국제규격에 맞게 설계함으로써 호환성 및 신뢰성을 높이기 위한 데이터

ⓓ 설계/제작을 위한 제품의 기하학적 자료 및 색상처리 데이터

ⓔ CNC 공작기계의 가공에 관련된 자료로 tool path에 관한 자료와 cutter location 등과 같은 CNC 공작기계의 운용에 관한 데이터

ⓕ 생산공정계획에 관한 자료로 완제품 납품일 및 완제품 조립을 위해 부품들의 준비 상태, 가공용 공작기계에 소요되는 공구류, 공작기계에 소요되는 정비용 부품류에 관한 데이터

그림 3.21 공업규격(KS, DIN, JIS)

3.2.6 서류화 모듈(documentation module)

설계에 사용되는 문서의 종류는 1)도면과 2)비도면으로 나눌 수 있다. 부품도면이나 조립도면 같은 기술도면은 완벽한 치수 기입 기능과 도면작성 시 사용되는 표준 신볼과 그래픽 기능이 필요하다. 서류화 모듈은 대화식으로 도면을 작성하거나 서류를 작성할 수 있도록 그래픽 모듈 내에서 제공되는 일종의 문자 편집과 그래픽 기능이다.

비도면 부분은 작업 진척서, 설계일정표 및 개발계획, 사용되는 부품 및 재료사양서 같은 설계문서를 작성하는 것이다. 이 같은 작업을 하기 위해서는 워드프로세서 기능이 있어야 한다. 즉, 문서를 만들고 수정하는 기능과 글자체를 고딕, 이탤릭 등으로 선택할 수 있는 기능이 있어야 한다.

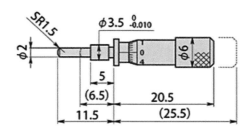

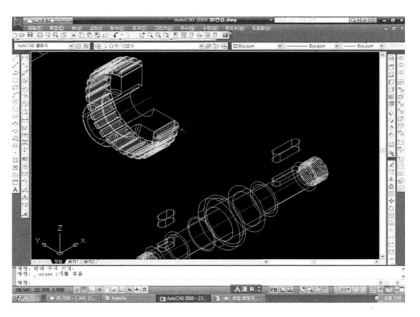

그림 3.22 서류화 모듈(도면 예)

3.2.7 데이터베이스 인터페이스 모듈(database interface module) 및 맨/머신 인터페이스 모듈(man/machine interface module)

데이터베이스 인터페이스 모듈이란 데이터베이스와 각 모듈 즉, 그래픽 모듈, 기하학적 형상 모델링 모듈, NC모듈 그리고 해석 모듈 간의 정보교환을 돕기 위한 모듈이며, 맨/머신 인터페이스 모듈이란 설계자와 전술한 각 모듈 간의 정보교환을 돕기 위한 모듈이다.

이밖에도 최근의 자동차에는 달리고(RUN), 서고(STOP), 회전(TURN)하는 기능 이외에, 크루즈 컨트롤(cruise control) 기능, ABS 기능 등이 추가되듯이, CAD시스템에 따라서는 설계 진단 모듈(design diagnosis module, (흔)한글의 맞춤법 기능으로 문장의 맞춤법을 체크하듯이, 설계결과를 진단하는 기능), 비요구 기능 검출 모듈(non-required function detecting module, 설계결과에서 요구사양과 일치하지 않는 기능을 검출하기) 등과 같은 모듈들을 보충 또는 추가할 수도 있다.

(a) 항공기

(b) 자동차

그림 3.23 맨/머신 인터페이스의 예

그림 3.24 크루즈 컨트롤(cruise control) 기능: 자동차의 속도를 일정하게 유지하도록 하는 정속주행장치 혹은 자동속도 조절장치

그림 3.25 미끄럼 방지 ABS(Active Break System) 기능

3.3 그래픽스 모듈에 있어서 데이터 변환

3.2절의 그래픽스 모듈 중 데이터변환용 명령어를 실제로 CAD시스템을 개발한다는 관점에서 다루고자 한다. 데이터변환은 2차원 데이터변환과 3차원 데이터 변환으로 구분되며, 이동(translation), 축척(scaling) 및 회전(rotation)이 있다.

3.3.1 2차원 변환

(1) 이동(move)

임의의 점 $P(x, y)$를 x방향으로 Dx, y방향으로 Dy만큼 이동시킴으로써 얻어지는 점 $Q(x', y')$는 다음과 같이 된다.

$$x' = x + Dx \tag{1.a}$$
$$y' = y + Dy \tag{1.b}$$

이를 행렬식으로 표현하면 다음과 같다.

$$[x'\ y'\ 1] = [x\ y\ 1] \begin{bmatrix} 1 & 0 & 0 \\ 0 & 1 & 0 \\ Dx & Dy & 1 \end{bmatrix} \tag{2}$$

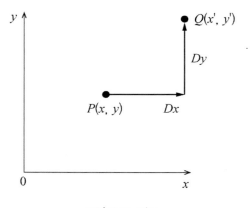

그림 3.26 이동

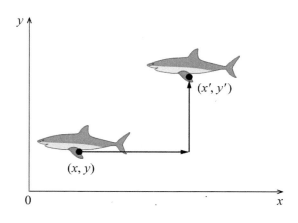

그림 3.27 도형의 이동

(2) 축척(scale)

임의의 점 $P(x, y)$를 원점을 중심으로 x축에 대하여 Sx, y축에 대하여 Sy만큼 확대/축소함으로써, 얻어지는 점 $Q(x', y')$를 행렬식으로 표현하면 다음과 같다.

$$[x'\ y'\ 1] = [x\ y\ 1]\begin{bmatrix} S_x & 0 & 0 \\ 0 & S_y & 0 \\ 0 & 0 & 1 \end{bmatrix} \tag{3}$$

또한 임의의 점 $K(x_1, y_1)$를 기준으로 확대/축소하면 다음과 같이 된다.

$$y' = S_y(y - y_1) + y_1 \tag{4.a}$$

$$x' = S_x(x - x_1) + x_1 \tag{4.b}$$

$$[x'\ y'\ 1] = [x\ y\ 1]\begin{bmatrix} 1 & 0 & 0 \\ 0 & 1 & 0 \\ -x_1 & -y_1 & 1 \end{bmatrix}\begin{bmatrix} S_x & 0 & 0 \\ 0 & S_y & 0 \\ 0 & 0 & 1 \end{bmatrix}\begin{bmatrix} 1 & 0 & 0 \\ 0 & 1 & 0 \\ x_1 & y_1 & 1 \end{bmatrix} \tag{4.c}$$

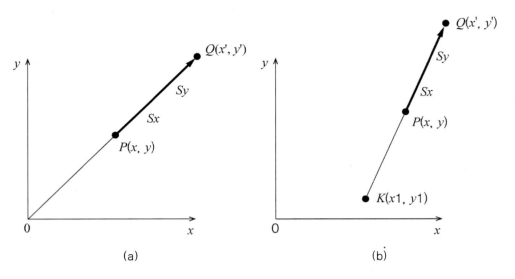

그림 3.29 축척

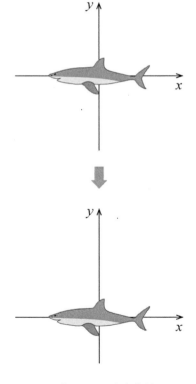

그림 3.28 도형의 축척

(3) 회전(rotation)

그림 3.30에서 임의의 점 $P(x, y)$를 원점을 중심으로 반시계 방향으로 θ만큼 회전시
킴으로써 얻어지는 점 $Q(x', y')$는 다음과 같은 식으로 표시할 수 있다(점 P를 회전시
키는 대신 좌표계를 회전시켜도 동일한 결과를 얻음).

$$x' = x\cos\theta - y\sin\theta \tag{5.a}$$
$$y' = x\sin\theta + y\cos\theta \tag{5.b}$$

이 식을 행렬식으로 표현하면 다음과 같이 된다.

$$
\begin{bmatrix} x' & y' & 1 \end{bmatrix} = \begin{bmatrix} x & y & 1 \end{bmatrix} \begin{bmatrix} \cos\theta & \sin\theta & 0 \\ -\sin\theta & \cos\theta & 0 \\ 0 & 0 & 1 \end{bmatrix} \tag{6}
$$

또한 임의의 점 (x_1, y_1)을 기준으로 반시계 방향으로 θ만큼 회전시키면 다음과 같이
된다.

$$
\begin{bmatrix} x' & y' & 1 \end{bmatrix} = \begin{bmatrix} x & y & 1 \end{bmatrix} \begin{bmatrix} 1 & 0 & 0 \\ 0 & 1 & 0 \\ -x_1 & -y_1 & 1 \end{bmatrix}
$$
$$
\begin{bmatrix} \cos\theta & \sin\theta & 0 \\ -\sin\theta & \cos\theta & 0 \\ 0 & 0 & 1 \end{bmatrix} \begin{bmatrix} 1 & 0 & 0 \\ 0 & 1 & 0 \\ x_1 & y_1 & 1 \end{bmatrix} \tag{7}
$$

예를 들어 임의의 점 $R(x, y)$을 x방향으로 Dx, y방향으로 Dy만큼 이동시킨 다음, 임
의의 점 (a, b)을 기준으로 반시계 방향으로 θ만큼 회전시킴으로써 얻어지는 점
$S(x', y')$는 다음과 같은 행렬식으로 표시할 수 있다.

$$
\begin{bmatrix} x' & y' & 1 \end{bmatrix} = \begin{bmatrix} x & y & 1 \end{bmatrix} \begin{bmatrix} 1 & 0 & 0 \\ 0 & 1 & 0 \\ Dx & Dy & 1 \end{bmatrix} \begin{bmatrix} 1 & 0 & 0 \\ 0 & 1 & 0 \\ -a & -b & 1 \end{bmatrix}
$$
$$
\begin{bmatrix} \cos\theta & \sin\theta & 0 \\ -\sin\theta & \cos\theta & 0 \\ 0 & 0 & 1 \end{bmatrix} \begin{bmatrix} 1 & 0 & 0 \\ 0 & 1 & 0 \\ a & b & 1 \end{bmatrix} \tag{8}
$$

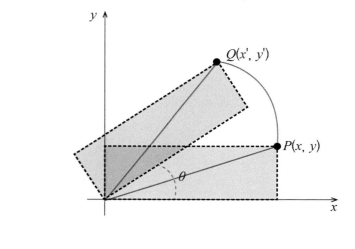

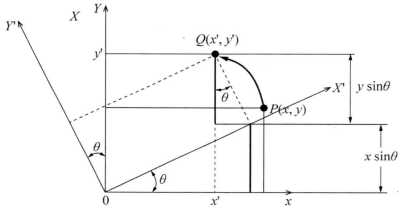

그림 3.30 회전

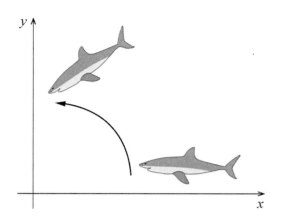

그림 3.31 도형의 회전

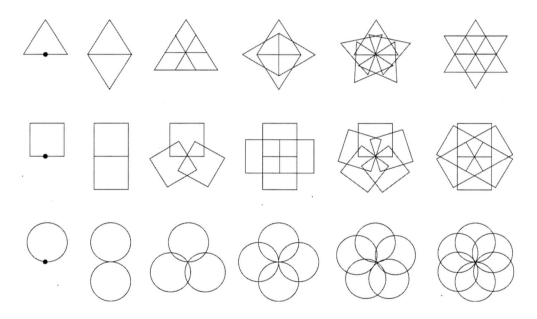

그림 3.32 삼각형, 사각형 및 원을 회전시켜 얻어지는 모습

예제 1 점 (3,2)를 원점을 중심으로 하여, 60° 만큼 회전이동한 점의 좌표를 구하시오.

풀이   주어진 점의 좌표와 각도를 식(5.a) 및 (5.b)에 대입하면 다음과 같이 된다.

$$\begin{pmatrix} x' \\ y' \end{pmatrix} = \begin{pmatrix} \dfrac{3-2\sqrt{3}}{2} \\ \dfrac{3\sqrt{3}+2}{2} \end{pmatrix}$$

예제 2 두 점 (1, 0), (0, 1)을 원점을 중심으로 하여 30° 만큼 회전이동한 점의 좌표를 구하시오.

풀이   주어진 두 점의 좌표와 각도를 식(5.a) 및 (5.b)에 대입하면 다음과 같이 된다.

$$(1,0) \rightarrow \left(\frac{\sqrt{3}}{2}, \ \frac{1}{2} \right)$$
$$(0,1) \rightarrow \left(-\frac{1}{2}, \ \frac{\sqrt{3}}{2} \right)$$

3.3.2 3차원 변환

도형의 3차원 변환 또한 2차원 변환 때와 동일하게 이동, 축척, 회전으로 구성되며, 다음 그림과 같이 3차원 직교좌표계를 사용한다.

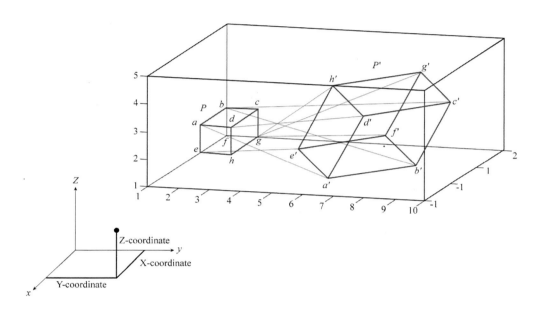

그림 3.33 3차원 변환

(1) 이동(move)

임의의 점 (x, y, z)을 x방향으로 Dx, y방향으로 Dy만큼 그리고 z방향으로 Dz만큼 이동시킴으로써 얻어지는 점 (x', y', z')는 다음과 같다.

$$[x'\ y'\ z'\ 1] = [\ x\ y\ z\ 1\ ] \begin{bmatrix} 1 & 0 & 0 & 0 \\ 0 & 1 & 0 & 0 \\ 0 & 0 & 1 & 0 \\ Dx & Dy & Dz & 1 \end{bmatrix} \tag{9}$$

(2) 축척(scale)

임의의 점 (x, y, z)을 원점을 중심으로 x축에 대하여 Sx, y축에 대하여 Sy 그리고 z축에 대하여 Sz만큼 확대/축소함으로써 얻어지는 점 (x', y', z')를 행렬식으로 표현하면 다음과 같다.

$$[x'\ y'\ z'\ 1] = [x\ y\ z\ 1] \begin{bmatrix} S_x & 0 & 0 & 0 \\ 0 & S_y & 0 & 0 \\ 0 & 0 & S_z & 0 \\ 0 & 0 & 0 & 1 \end{bmatrix} \tag{10}$$

또한 임의의 점 (a, b, c)를 기준으로 확대/축소하면 다음과 같이 된다.

$$[x'\ y'\ z'\ 1] = [x\ y\ z\ 1] \begin{bmatrix} 1 & 0 & 0 & 0 \\ 0 & 1 & 0 & 0 \\ 0 & 0 & 1 & 0 \\ -a & -b & -c & 1 \end{bmatrix} \begin{bmatrix} S_x & 0 & 0 & 0 \\ 0 & S_y & 0 & 0 \\ 0 & 0 & S_z & 0 \\ 0 & 0 & 0 & 1 \end{bmatrix} \begin{bmatrix} 1 & 0 & 0 & 0 \\ 0 & 1 & 0 & 0 \\ 0 & 0 & 1 & 0 \\ a & b & c & 1 \end{bmatrix} \tag{11}$$

(3) 회전(rotation)

ⓐ z축을 기준으로 반시계 방향으로 θ만큼 회전시킨 경우

$$[x'\ y'\ z'\ 1] = [x\ y\ z\ 1] \begin{bmatrix} \cos\theta & \sin\theta & 0 & 0 \\ -\sin\theta & \cos\theta & 0 & 0 \\ 0 & 0 & 1 & 0 \\ 0 & 0 & 0 & 1 \end{bmatrix} \tag{12}$$

ⓑ x축을 기준으로 반시계 방향으로 θ만큼 회전시킨 경우

$$[x'\ y'\ z'\ 1] = [x\ y\ z\ 1] \begin{bmatrix} 1 & 0 & 0 & 0 \\ 0 & \cos\theta & \sin\theta & 0 \\ 0 & -\sin\theta & \cos\theta & 0 \\ 0 & 0 & 0 & 1 \end{bmatrix} \tag{13}$$

ⓒ y축을 기준으로 반시계 방향으로 θ만큼 회전시킨 경우

$$[x'\ \ y'\ \ z'\ \ 1]=[\ x\ \ y\ \ z\ \ 1]\begin{bmatrix} \cos\theta & 0 & -\sin\theta & 0 \\ 0 & 1 & 0 & 0 \\ \sin\theta & 0 & \cos\theta & 0 \\ 0 & 0 & 0 & 1 \end{bmatrix} \tag{14}$$

3.4 자유 곡선 및 자유 곡면

그림 3.34와 같이 주전자, 커피 잔의 손잡이 등은 평면, 원통면, 구면 등의 해석 곡면으로는 표현되지 않는 자유 곡면으로 표현된다. 자유 곡선, 자유 곡면이란 직교좌표계상의 해석함수로 표시되지 않는 곡선 또는 곡면을 말한다.

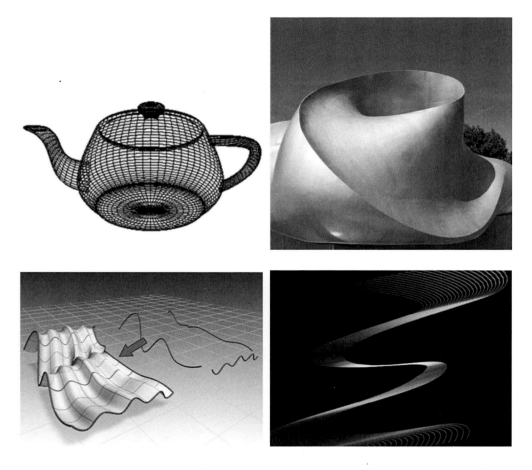

그림 3.34 자유 곡선 및 곡면의 예

그림 3.35 자유 곡면을 이용한 다양한 의자의 설계

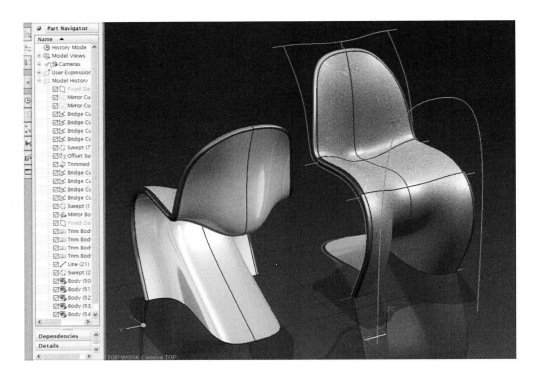

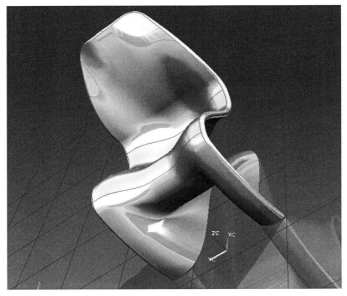

그림 3.36 자유 곡면을 이용한 다양한 의자의 설계

그림 3.37 자유 곡면을 이용한 항공기 표면

그림 3.38 자유 곡면을 이용한 자동차 디자인

그림 3.39 자유 곡면을 이용한 말의 표현

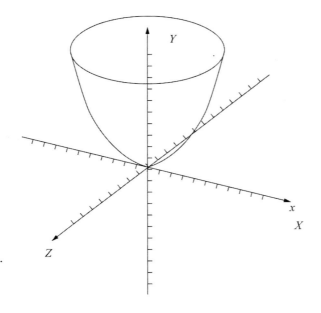

$$\frac{X^2}{a^2} + \frac{y^2}{b^2} = 2y$$

(a) 타원포물면(Elliptic paraboloid)

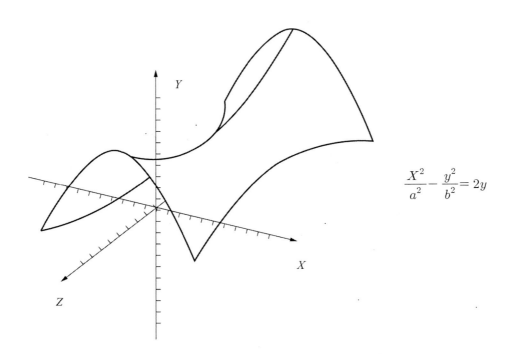

$$\frac{X^2}{a^2} - \frac{y^2}{b^2} = 2y$$

(b) 쌍곡포물면(Hyperbolic paraboloid)

그림 3.40 직교좌표계상에 해석함수로 표시한 곡면(해석 곡면)

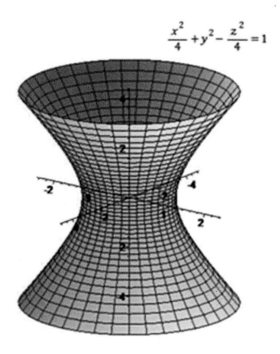

그림 3.41 직교좌표계상에 해석함수로 표시한 이차곡면(Quadric surface)

이 곡선/곡면은 자동차, 항공기, 선박 등의 복잡한 외형을 표시하는 데 필수적이다. 이들 자유 곡선/곡면은 segment(선의 조각)나 patch(헝겊 조각)를 이용하여 이들을 원활하게 접속시켜 표현한 것이다. 자유 곡선/곡면은 1960년 이후 매우 활발히 연구/개발이 되었으며, 최근에는 컴퓨터를 이용한 자유 곡선/곡면 처리 문제를 전문적으로 다루는 학문 분야(CAGD(computer aided geometric design))도 정립되었다.

자유 곡선/곡면에는 Ferguson 곡선, Bezier 곡선/곡면, spline 곡선/곡면, B-spline 곡선/곡면, Sweep surface, Ruled surface, Tabulated surface, Revolved surface, Edge surface 등이 있다.

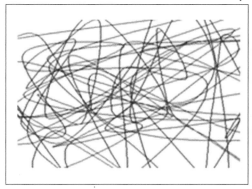 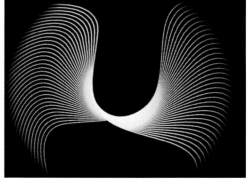

그림 3.42 자유 곡선

그림 3.43 CAGD(computer aided geometric design)

3.4.1 Ferguson 곡선

이 곡선은 1963년에 J. C. Ferguson에 의하여 제창된 곡선으로서 곡선의 양끝 점에서의 위치 벡터와 접선벡터에 의하여 그 형태가 결정되는 곡선이다.

- 곡선의 양끝 점에서의 위치 좌표 : $\overrightarrow{r(0)}, \overrightarrow{r(1)}$

- 곡선의 양끝 점에서의 단위 접선벡터 : $\overrightarrow{\dot{r}(0)}, \overrightarrow{\dot{r}(1)}$

시작점과 끝점의 위치 좌표와 접선벡터를 파라미터를 이용하여 기술한 u에 관한 3차 다항식은 다음과 같다.

$$\overrightarrow{r(u)} = u^0 a_0 + u^1 a_1 + u^2 a_2 + u^3 a_3 \tag{15}$$

위식의 계수들을 결정하기 위하여 양끝점(u=o, u=1)에서의 위치좌표와 접선벡터에 대한 조건을 대입하면 다음과 같은 네 개의 식을 얻을 수 있다.

$$\overrightarrow{r(0)} = a_0$$

$$\overrightarrow{r(1)} = a_0 + a_1 + a_2 + a_3 \tag{16}$$

$$\overrightarrow{\dot{r}(0)} = a_1$$

$$\overrightarrow{\dot{r}(1)} = a_1 + 2a_2 + 3a_3$$

이 식들로부터 다음과 같이 계수들을 결정할 수 있다.

$$a_0 = \overrightarrow{r(0)}$$

$$a_1 = \overrightarrow{\dot{r}(0)} \tag{17}$$

$$a_2 = 3[\overrightarrow{r(1)} - \overrightarrow{r(0)}] - 2\overrightarrow{\dot{r}(0)} - \overrightarrow{\dot{r}(1)}$$

$$a_3 = 2[\overrightarrow{r(0)} - \overrightarrow{r(1)}] + \overrightarrow{\dot{r}(0)} + \overrightarrow{\dot{r}(1)}$$

각 계수들을 식(15)에 대입하면 다음과 같이 된다.

$$\vec{r} = \overrightarrow{r(u)} = \overrightarrow{r(0)}(1 - 3u^2 + 2u^3) + \overrightarrow{r(1)}(3u^2 - 2u^3) + \tag{18}$$

$$\overrightarrow{\dot{r}(0)}(u - 2u^2 + u^3) + \overrightarrow{\dot{r}(1)}(-u^2 + u^3)$$

위의 식을 행렬식으로 정리하면 다음과 같이 된다.

$$\overrightarrow{r(u)} = \begin{bmatrix} 1 & u & u^2 & u^3 \end{bmatrix} \begin{bmatrix} 1 & 0 & 0 & 0 \\ 0 & 0 & 1 & 0 \\ -3 & 3 & -2 & -1 \\ 2 & -2 & 1 & 1 \end{bmatrix} \begin{bmatrix} \overrightarrow{r(0)} \\ \overrightarrow{r(1)} \\ \overrightarrow{\dot{r}(0)} \\ \overrightarrow{\dot{r}(1)} \end{bmatrix} \tag{19}$$

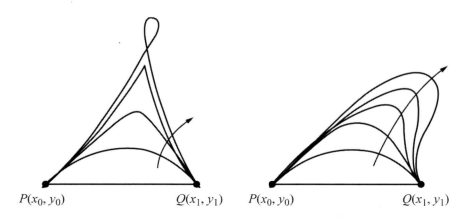

그림 **3.44** Ferguson 곡선

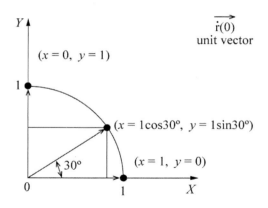

그림 **3.45** 단위 벡터(unit vector)

예제 1 곡선의 양끝 점에서의 위치 좌표가 (1, 1) 및 (4, 1)이고, 단위 접선벡터가 (cos30°, sin30°) 및 (cos30°, −sin30°)인 Ferguson 곡선을 생성하기 위한 프로그램을 작성하시오.

$$\overrightarrow{r(u)} = \begin{bmatrix} 1 & u & u^2 & u^3 \end{bmatrix} \begin{bmatrix} 1 & 0 & 0 & 0 \\ 0 & 0 & 1 & 0 \\ -3 & 3 & -2 & -1 \\ 2 & -2 & 1 & 1 \end{bmatrix} \begin{bmatrix} 1 & 1 \\ 4 & 1 \\ \cos 30° & \sin 30° \\ \cos 30° & -\sin 30° \end{bmatrix}$$

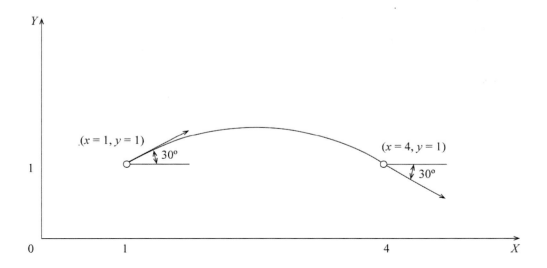

그림 3.46 예제(Ferguson 곡선)

3.4.2 Bezier 곡선

P. Bezier(프랑스)는 1970년 주어진 다각형의 각을 평활화하여 얻어지는 곡선식을 발표하였다. 이는 르노(Renault) 자동차 회사의 CAD시스템과 NC 시스템인 UNISURF에서 아주 유용하게 사용되었다. Bezier 곡선은 다각형의 정점의 위치벡터에 의하여 정의되어 설계자가 의도하는 바와 같은 형상을 쉽게 얻을 수 있는 특징을 가지고 있다.

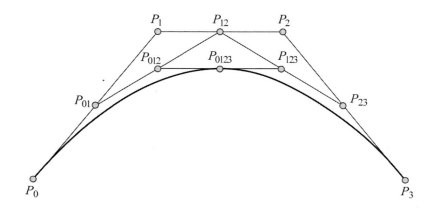

그림 3.47 Bezier 곡선의 근사 방법

그림 3.48 르노(Renault) 자동차

Bezier 곡선을 표시하기 위한 일반식은 다음과 같다.

$$P(u) = \sum_{i=0}^{n} \frac{n!}{i!(n-i)!} u^i (1-u)^{n-i} P_i \tag{20}$$

단, $n = k-1$ (k: 주어진 점의 수)

$0 \leq u \leq 1$

이 식으로부터 주어진 점의 수(k)가 4인 경우는 다음과 같이 된다.

$$P(u) = \sum_{i=0}^{3} \frac{3!}{i!(3-i)!} u^i (1-u)^{3-i} P_i \tag{21}$$

이 식을 행렬식으로 표시하면 다음과 같이 된다.

$$P(u) = \begin{bmatrix} 1 & u & u^2 & u^3 \end{bmatrix} \begin{bmatrix} 1 & 0 & 0 & 0 \\ -3 & 3 & 0 & 0 \\ 3 & -6 & 3 & 0 \\ -1 & 3 & -3 & 1 \end{bmatrix} \begin{bmatrix} P_0 \\ P_1 \\ P_2 \\ P_3 \end{bmatrix} \tag{22}$$

이 식에서 u 값을 0에서 1까지 변화시킴으로써 Bezier 곡선의 각 지점의 좌표를 구할 수 있다. u값 변화에 따른 Bezier 곡선의 형상을 구해보면 그림 3.49와 같이 된다. Bezier 곡선의 성질을 정리하면 다음과 같다.

ⓐ 곡선은 양단의 정점을 통과한다.

ⓑ 곡선은 정점을 연결시킬 수 있는 다각형의 내측에 존재한다.

ⓒ 1개의 정점의 변화는 곡선 전체에 영향을 미친다.

ⓓ k개의 정점에 의해서 정의되는 곡선은 (k-1)차 곡선이다.

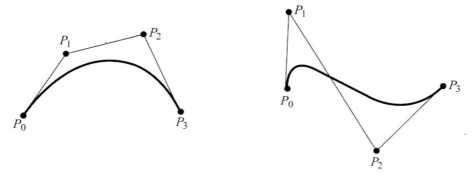

그림 3.49 Bezier 곡선(4점)

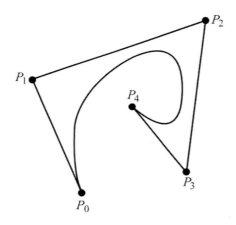

그림 3.50 Bezier 곡선(5점)

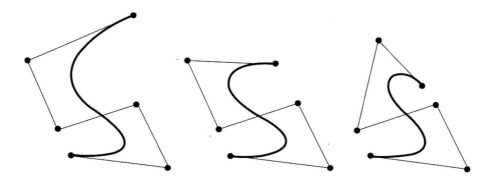

그림 3.51 Bezier 곡선(6점)

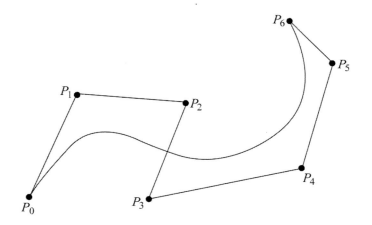

그림 3.52 Bezier 곡선(7점)

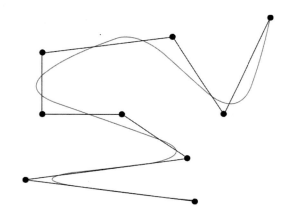

그림 3.53 Bezier 곡선(9점)

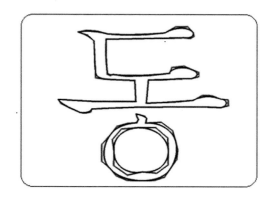

그림 3.54 Bezier 곡선을 이용한 한글

3.4.3 Bezier 곡면

Bezier 곡선은 앞 절에서 설명한 바와 같이 u값의 변화에 대해서 곡선이 결정된다. 한편 Bezier 곡면에서는 그림 3.55와 같이 u값뿐만 아니라 v값에 의해서 곡면의 형상이 결정된다.

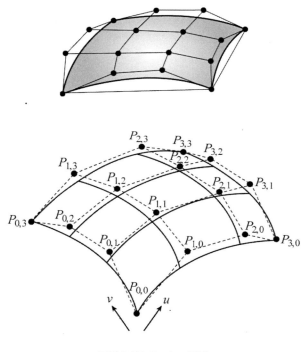

그림 3.55 Bezier 곡면

Bezier 곡면을 표시하기 위한 일반식은 다음과 같다.

$$P(u,v) = \sum_{i=0}^{n} \sum_{j=0}^{m} P_{i,j} I_{i,n}(u) J_{j,m}(v) \tag{23}$$

$$I_{i,n}(u) = \frac{n!}{(n-i)!i!} u^i (1-u)^{n-i} \tag{24.a}$$

$$J_{j,m}(v) = \frac{m!}{(m-j)!j!} v^j (1-v)^{m-j} \tag{24.b}$$

단, $P_{i,j}$ = 주어진 점의 좌푯값, $0 \leq u \leq 1,\, 0 \leq v \leq 1$

곡면의 점의 수가 16(4×4)인 경우에 대해서는 n=3, m=3인 경우에 해당하며, 다음과 같은 행렬식으로 주어진다.

$$P(u,v) = \begin{bmatrix} 1 & u & u^2 & u^3 \end{bmatrix} \begin{bmatrix} 1 & 0 & 0 & 0 \\ -3 & 3 & 0 & 0 \\ 3 & -6 & 3 & 0 \\ -1 & 3 & -3 & 1 \end{bmatrix} \begin{bmatrix} P_{00} & P_{01} & P_{02} & P_{03} \\ P_{10} & P_{11} & P_{12} & P_{13} \\ P_{20} & P_{21} & P_{22} & P_{23} \\ P_{30} & P_{31} & P_{32} & P_{33} \end{bmatrix} \begin{bmatrix} 1 & -3 & 3 & -1 \\ 0 & 3 & -6 & 3 \\ 0 & 0 & 3 & -3 \\ 0 & 0 & 0 & 1 \end{bmatrix} \begin{bmatrix} 1 \\ v \\ v^2 \\ v^3 \end{bmatrix} \tag{25}$$

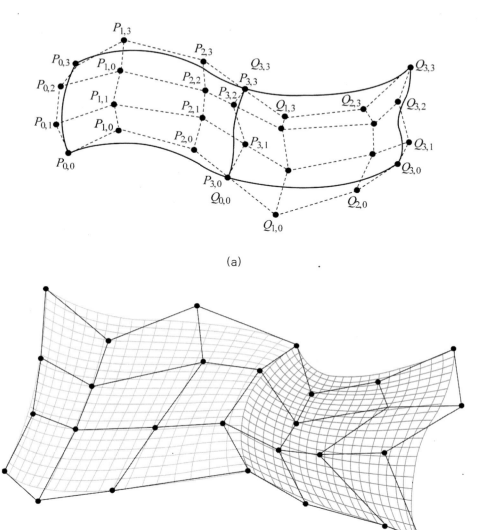

(a)

(b)

그림 3.56 Bezier 곡면의 합성

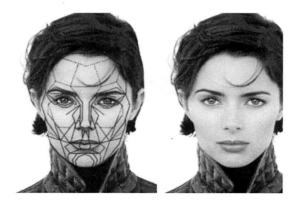

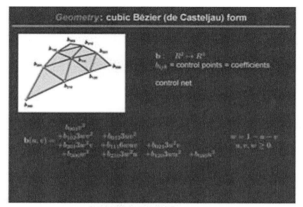

삼차 베지에 곡면

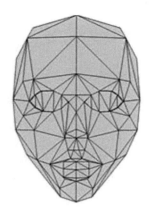

입력 정점

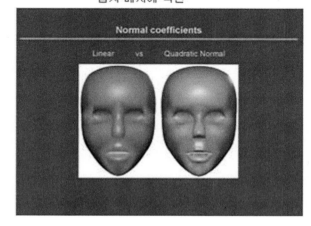

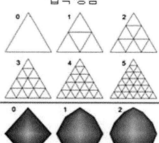

그림 3.57 Bezier 곡면을 이용한 얼굴의 표현

3.4.4 스프라인(SPLINE) 곡선

스프라인 곡선이란 주어진 점들을 모두 지나는 곡선을 그리기 위하여 사용되어온 스프라인 자(자유곡선자 또는 운형자, 그림 3.58 참조)로부터 나온 것이다. 이는 임의의 구간에 대하여 기본 다항식을 이용한 근사법을 이용하여 얻어지는 곡선이다.

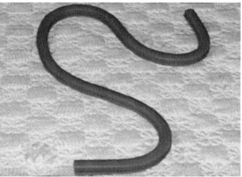

그림 3.58 자유곡선자(spline ruler) : spline 곡선(주어진 점을 모두 통과하는 곡선)을 그릴 수 있도록 유연하게 굽어지는 자

스프라인 곡선을 구성하기 위한 점들은 다음과 같은 식에 의하여 정의된다.

$$P(u) = \sum_{i=1}^{n} B_{i,n}(u)\, P_i \tag{26}$$

$P(u)$: 곡선을 형성하는 점

n : 주어진 점의 수

P_i : 주어진 점

u값의 범위: $-1 \leq u \leq n-2$

여기에서 $B_{i,n}(u)$는 Blending Function(조화함수)이라고 하며 다음 식에 의하여 정의된다.

$$B_{i,n}(u) = \frac{(u+1)(u)(u-1)\cdots(u-(i-3)(u-(i-1))\cdots(u-(i-2))}{(i-1)(i-2)(i-3)\cdots(1)(-1)\cdots(i-n)} \tag{27}$$

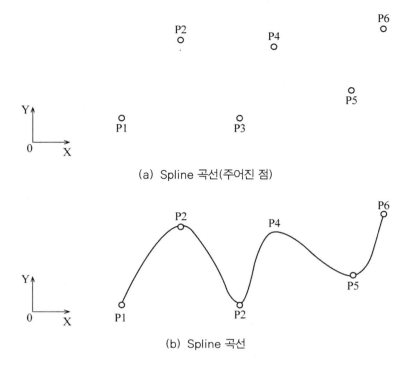

(a) Spline 곡선(주어진 점)

(b) Spline 곡선

그림 3.59 SPLINE 곡선

식(26)에서 주어진 점의 수가 4인 경우는 다음과 같이 된다.

$$P(u) = \begin{bmatrix} B_{1,4}(u) & B_{2,4}(u) & B_{3,4}(u) & B_{4,4}(u) \end{bmatrix} \begin{bmatrix} P_1 \\ P_2 \\ P_3 \\ P_4 \end{bmatrix} \tag{28}$$

단, $B_{1,4}(u) = \dfrac{u(u-1)(u-2)}{(-1)(-2)(-3)}$

$B_{2,4}(u) = \dfrac{(u+1)(u-1)(u-2)}{(1)(-1)(-2)}$

$B_{3,4}(u) = \dfrac{(u+1)u(u-2)}{(2)(1)(-1)}$

$B_{4,4}(u) = \dfrac{(u+1)u(u-1)}{(3)(2)(1)}$

단, u값의 범위는 다음과 같다.

$-1 \leq u \leq 2$

3.4.5 스프라인(SPLINE) 곡면

스프라인 곡면에서는 스프라인 곡선과는 달리 u방향뿐만 아니라, v방향의 곡선도 계산하여 임의의 곡면을 생성하게 된다. SPLINE 곡면의 예를 그림 3.60에 표시하였다. 스프라인(SPLINE) 곡면에 대한 기본 식은 다음과 같다.

$$P(u,v) = \sum_{i=0}^{n} \sum_{j=0}^{m} P_{i,j} B_{i,j} \tag{29}$$

여기에서 $B_{i,j}$는 조화함수이며, $P_{i,j}$는 주어진 점의 배열(array)을 나타낸다.

$$P(u,v) = UMP_{i,j} M^T V \tag{30}$$

이 식에서 행렬 UM 및 $M^T V$는 식(27)을 식(29)에 대입하여 얻어지는 행렬이다. 식(29)에서 n과 m이 각각 3인 경우는 4×4개의 점에 의하여 구성되는 스프라인 곡면에 해당하며, 이 경우, 식(30)의 각각의 행렬은 다음과 같이 된다.

$$U = \begin{bmatrix} 1 & u & u^2 & u^3 \end{bmatrix}$$

$$M = \begin{bmatrix} 0 & 1 & 0 & 0 \\ -1/3 & -1/2 & 1 & -1/6 \\ 1/2 & -1 & 1/2 & 0 \\ -1/6 & 1/2 & -1/2 & 1/6 \end{bmatrix}$$

$$M^T = \begin{bmatrix} 0 & -1/3 & 1/2 & -1/6 \\ 1 & -1/2 & -1 & 1/2 \\ 0 & 1 & 1/2 & -1/2 \\ 0 & -1/6 & 0 & 1/6 \end{bmatrix}$$

$$P_{i,j} = \begin{bmatrix} P_{00} & P_{01} & P_{02} & P_{03} \\ P_{10} & P_{11} & P_{12} & P_{13} \\ P_{20} & P_{21} & P_{22} & P_{23} \\ P_{30} & P_{31} & P_{32} & P_{33} \end{bmatrix}$$

$$V = \begin{bmatrix} 1 \\ v \\ v^2 \\ v^3 \end{bmatrix}$$

따라서 4×4개의 점에 의하여 구성되는 스프라인 곡면은 다음과 같은 행렬식으로 주어
진다.

$$P(u,v) = \begin{bmatrix} 1 & u & u^2 & u^3 \end{bmatrix} \begin{bmatrix} 0 & 1 & 0 & 0 \\ -1/3 & -1/2 & 1 & -1/6 \\ 1/2 & -1 & 1/2 & 0 \\ -1/6 & 1/2 & -1/2 & 1/6 \end{bmatrix}$$

$$\begin{bmatrix} P_{00} & P_{01} & P_{02} & P_{03} \\ P_{10} & P_{11} & P_{12} & P_{13} \\ P_{20} & P_{21} & P_{22} & P_{23} \\ P_{30} & P_{31} & P_{32} & P_{33} \end{bmatrix} \begin{bmatrix} 0 & -1/3 & 1/2 & -1/6 \\ 1 & -1/2 & -1 & 1/2 \\ 0 & 1 & 1/2 & -1/2 \\ 0 & -1/6 & 0 & 1/6 \end{bmatrix} \begin{bmatrix} 1 \\ v \\ v^2 \\ v^3 \end{bmatrix} \tag{31}$$

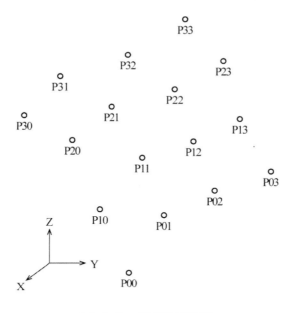

(a) Spline 곡면(주어진 점)

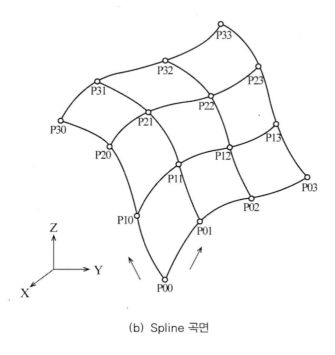

(b) Spline 곡면

그림 3.60 4×4개의 점에 의하여 구성되는 SPLINE 곡면의 예

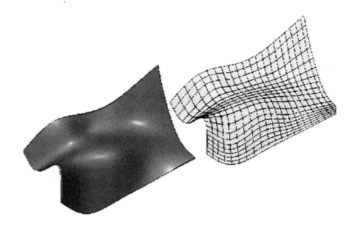

그림 3.61 스프라인(SPLINE) 곡면

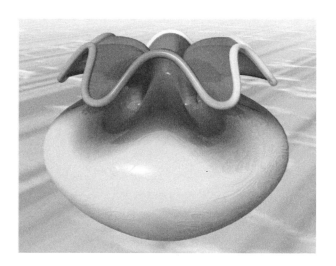

그림 3.62 스프라인(SPLINE) 곡면을 이용한 작품

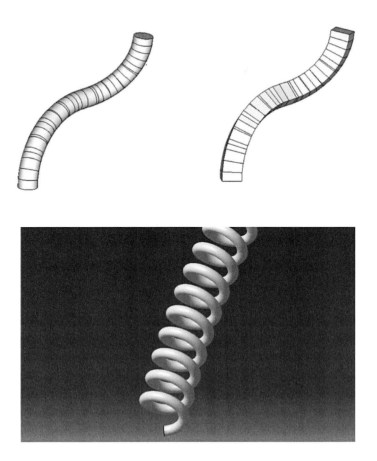

그림 3.64 Sweep 곡면

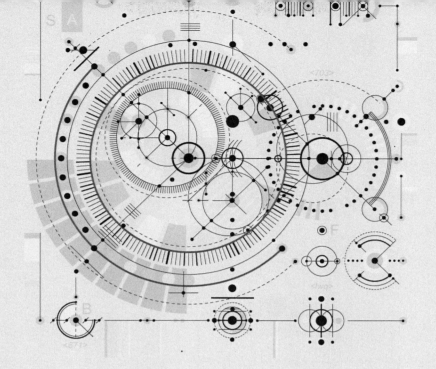

기하학적 형상 모델링

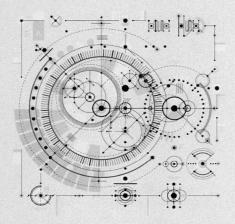

설계 대상물을 예를 들어 자동차, 선박, 항공기 등을 컴퓨터를 이용하여 설계하기 위해
서는 설계 대상물을 컴퓨터 내부에 실세계(real world)와 거의 동일하게 표현하여야
한다. 기하학적 형상 모델링(geometric modeling)이란 컴퓨터 내부에 설계 대상물을
표현하는 기법을 말하며, 모델러(modeler) 또는 모델링 시스템(modeling system)이란
모델(model)을 처리하는 프로그램을 말한다.

형상모델링에는 2차원 모델링, 2.5차원 모델링 그리고 3차원 모델링이 있다. 2차원 모
델링이란 평면형상을 취급하는 모델링을 말하며, 정면도, 우측면도, 좌측면도, 평면도,
배면도 등이 이에 해당한다. 그리고 2.5차원 모델링이란 평면형상의 회전, 평행이동
등을 이용하여 3차원 형상을 예측하는 것으로 3차원 데이터가 컴퓨터 내부에 충분히
표현되지는 않는다. 마지막으로 3차원 모델링은 3차원 데이터를 컴퓨터 내부에 보다
충실하게 표현한 것으로 와이어 프레임 모델, 서피스 모델, 솔리드 모델 등이 있다.

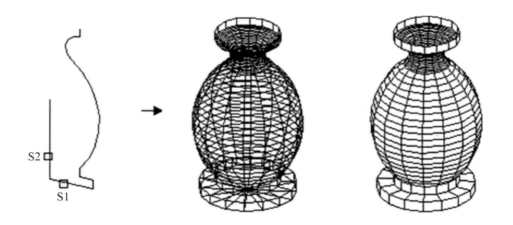

그림 4.1 2.5차원 모델, 항아리 만들기

그림 4.2 와인잔(와인의 종류에 따라 다른 모양을 사용함), 왼쪽부터 보르도 레드 와인잔, 부르고뉴 레드 와인잔, 화이트 와인잔, 스파클링 와인잔이다.

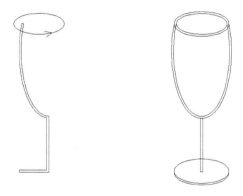

그림 4.3 선의 회전에 의한 화이트 와인잔 만들기

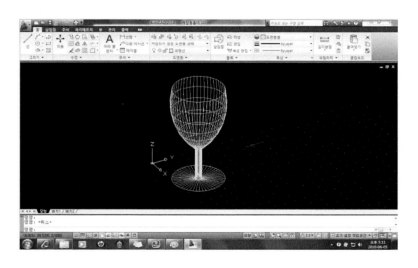

그림 4.4 화이트 와인잔 만들기

4.1 와이어 프레임 모델(wire frame model)

와이어 프레임 모델이란 3차원 형상을 면과 면이 만나는 에지(edge)로 표현하는 것으로 점과 선으로 구성된다. 와이어 프레임 모델은 점과 선으로 구성되기 때문에 실체감이 나지 않으며, 디스플레이된 형상을 보는 각도에 따라 다른 해석이 나올 수 있다. 이 모델은 데이터 구조가 단순하다는 장점이 있으나, 면이나 물리적인 성질의 계산에 대한 정보가 부족하고 단면에 대한 정보를 갖지 못한다.

일반적으로 3차원 물체를 그리는 데는 능선 및 윤곽선(contour line)으로 표현할 수 있는데, 다면체의 경우 능선은 윤곽선과 일치하기 때문에 가능하다. 그러나 구(sphere)와 같은 경우에 와이어 프레임 모델을 적용하면 부자연스러운 표현이 된다. 와이어 프레임 모델의 특징은 다음과 같다.

① 처리속도가 빠르다.

② 데이터의 구성이 단순하다.

③ 모델 작성을 쉽게 할 수 있다.

④ 3면 투시도의 작성이 용이하다.

⑤ 은선 제거가 불가능하다.

⑥ 단면도 작성이 불가능하다.

⑦ 물리적 성질의 계산이 불가능하다.

그림 4.5 와이어 프레임 모델을 이용한 원통의 표현

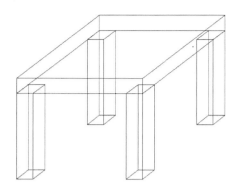

그림 4.6 와이어 프레임을 이용한 탁자의 표현

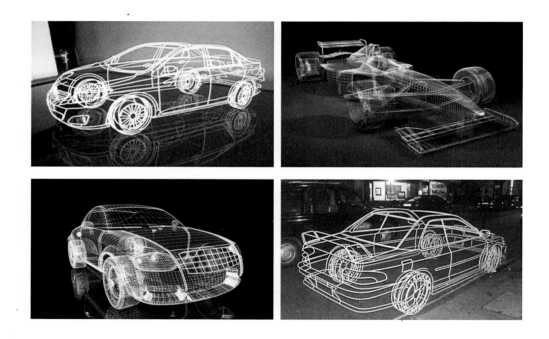

그림 4.7 와이어 프레임 모델을 이용한 자동차의 표현

그림 4.8 와이어 프레임을 이용한 낙타 및 사람의 표현

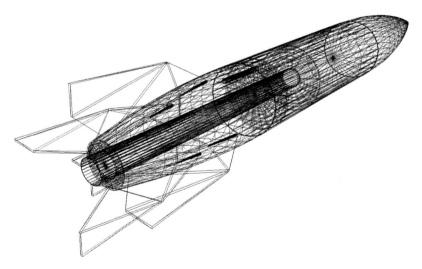

그림 4.9 와이어 프레임을 이용한 로켓 표현

4.2 서피스 모델(surface model)

서피스 모델이란 와이어 프레임 모델의 선으로 둘러싸인 부분을 면으로 정의한 것을
말한다. 이 모델은 면을 가지고 있으므로 와이어 프레임 모델에서 나타나는 시각적인
장애는 극복되며, 에지대신에 면을 사용하므로 은선 제거가 가능하다. 또한 단면도 작
성이 가능하고 복잡한 형상을 표현할 수 있다. 서피스 모델은 다음에 서술하는 솔리드
모델과 와이어 프레임 모델의 중간에 위치한 것이 아니라 솔리드 모델에 가까운 모델
이다. 서피스 모델의 특징은 다음과 같다.

① 은선 제거가 가능하다.
② 단면도를 작성할 수 있다.
③ 2개 면의 교선을 구할 수 있다.
④ 복잡한 형상 표현이 가능하다.
⑤ 중량, 중심, 관성모멘트 등과 같은 물리적 성질을 구하기 어렵다.
⑥ FEM(유한요소법)을 이용하기 위한 요소 분할이 어렵다.

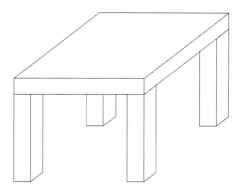

그림 4.11 서피스 모델을 이용한 탁자의 표현

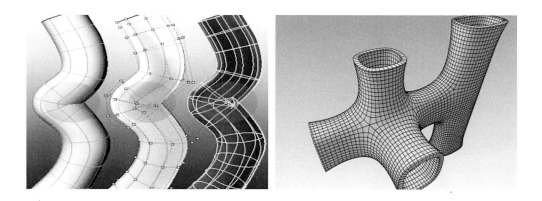

그림 4.12 서피스 모델을 이용한 곡관의 표현 예

그림 4.13 서피스 모델을 이용한 오토바이의 표현

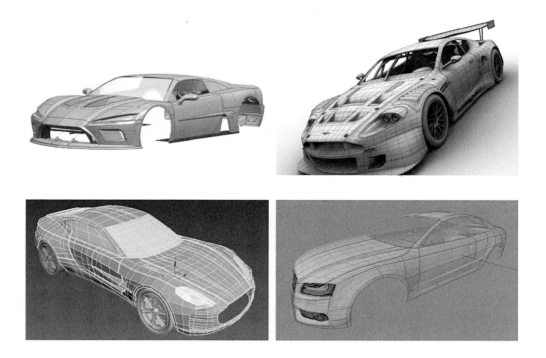

그림 4.14 서피스 모델을 이용한 자동차의 표현

그림 4.15 서피스 모델을 이용한 도시 설계 예

4.3 솔리드 모델(solid model)

솔리드 모델링에는 다음과 같은 세 가지 방식이 있다.

① B-Rep(boundary representation) 방식

② CSG(constructive solid geometry)방식

③ B-Rep 방식과 CSG 방식의 하이브리드(hybrid) 방식

솔리드 모델이 전술한 와이어 프레임 모델이나 서피스 모델과 가장 큰 차이는 다음과 같다.

① 물리적 성질(체적, 무게중심, 관성모멘트 등)을 제공할 수 있다.

② 컴퓨터의 메모리를 많이 필요로 한다.

③ 처리할 데이터의 양이 매우 많다.

4.3.1 B-Rep 방식

이 방식은 영국 캠브리지 대학의 I. C. Braid 교수가 1973년에 발표한 방식(BUILD)으로 하나의 입체를 둘러싸고 있는 면으로 물체를 표현하는 방식이다(전술한 서피스 모델은 와이어 프레임 모델에 면을 붙인 것에 불과함). 즉, 형상을 구성하고 있는 면과 면 사이의 위상 기하학적인 결합 관계를 정의함으로써 물체를 표현하는 방식이다.

B-Rep 방식의 장점은 다음과 같다.

① 3차원 형상을 표시하기 용이하다.

② 2차원 도면을 작성하는 경우에 처리가 용이하다.

③ 3차원 투시도의 작성이 용이하다.

④ 입체의 표면적 계산이 용이하다.

⑤ 입체 표면의 메시 생성이 용이하다.

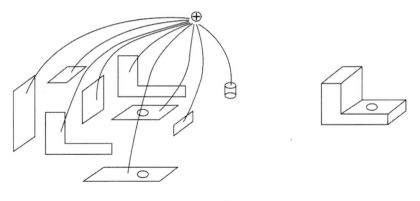

그림 4.16 Rep 방식

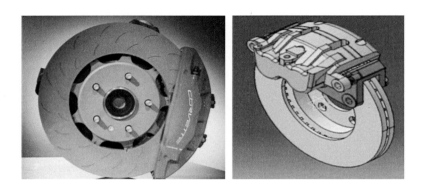

그림 4.17 B-Rep 방식을 이용한 자동차용 디스크 브레이크의 표현

그림 4.18 B-Rep 방식을 이용한 권총 및 후크의 표현

4.3.2 CSG 방식

이 방식은 일본의 북해도(北海道, 홋카이도) 대학의 오끼노 교수가 1973년에 발표한 방식(TIPS-1)으로 부피를 가진 기본 프리미티브(primitive)를 조합하여 소정의 3차원 형상을 구성하는 방식이다.

이 방식은 몇 개의 영역을 솔리드화하고, 이것에 집합 연산을 실시하여 3차원 형상을 작성한다. 즉, 프리미티브(cube, wedge, tetrahedron, cylinder, segment, fillet 등)에 다음과 같은 부울 연산(boolean operation)을 함으로써 새로운 복잡한 형상을 형성한다.

① 차($-$, cut, subtraction)

② 합($\cup$, +, fusion, union, addition)

③ 적($\cap$, common, product)

CSG 방식은 입체의 형상을 표현하는 데이터를 아주 간결하게 처리할 수 있으나, 디스플레이 시간이 많이 소요되며, 또한 체적 면적 계산에 있어서도 처리시간이 다소 걸린다는 단점이 있다.

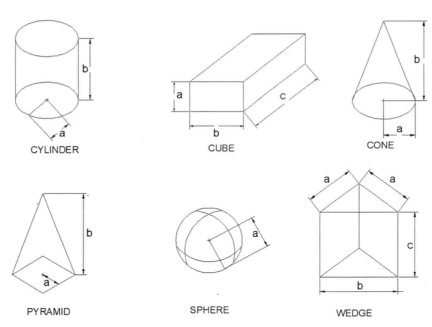

그림 4.19 프리미티브(primitive)의 예

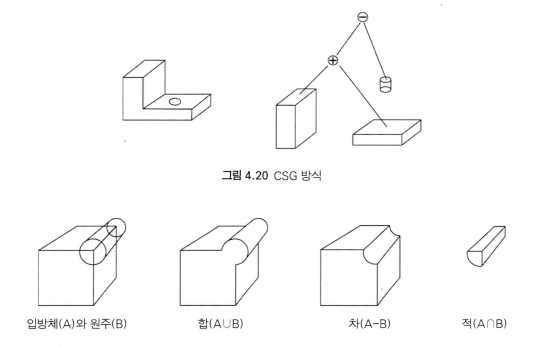

그림 4.20 CSG 방식

입방체(A)와 원주(B)   합(A∪B)   차(A−B)   적(A∩B)

그림 4.21 부울 연산(boolean operation)

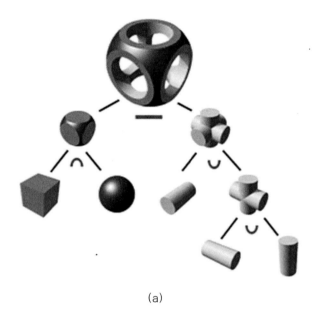

(a)

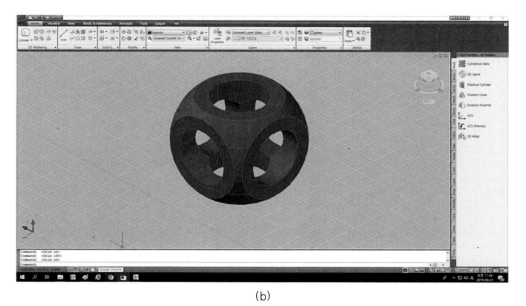

(b)

그림 4.22 부울 연산에 의한 다양한 형상의 표현

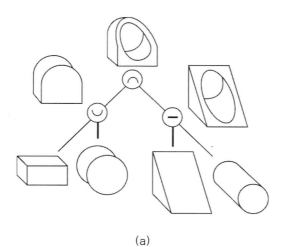

(a)

(b)

그림 4.23 부울 연산에 의한 다양한 형상의 표현

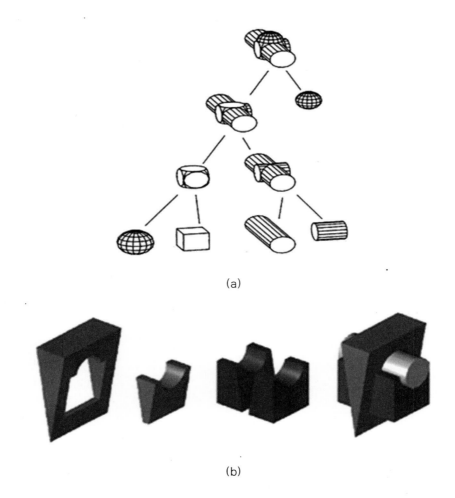

(a)

(b)

그림 4.24 부울 연산에 의한 다양한 형상의 표현

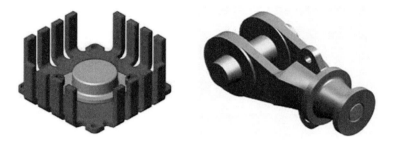

그림 4.25 CSG 방식을 이용하여 모델링한 컴퓨터용 히트싱크와 링크 기구

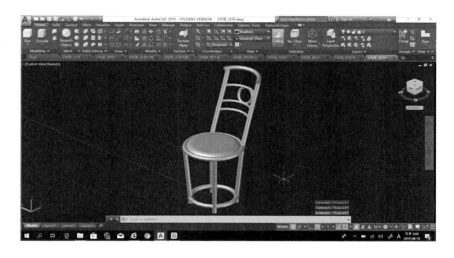

그림 4.26 CSG 방식에 의한 의자의 표현

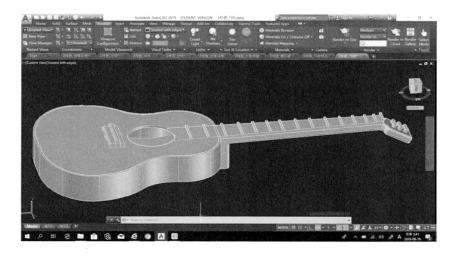

그림 4.26 CSG 방식에 의한 기타의 표현

표 4.1 B-Rep 방식과 CSG 방식의 비교

	B-Rep 방식	CSG 방식
데이터 구조	비교적 복잡	단순
필요 메모리 영역	용량이 많음	용량이 적음
데이터 수정	약간 곤란	용이
3면도, 투시도 작성	비교적 용이	용이
전개도 작성	용이	곤란
중량 계산	약간 곤란	용이
표면적 계산	용이	곤란
NC 테이프의 작성	비교적 용이	용이

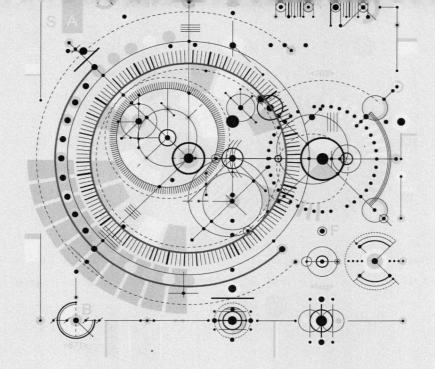

1

시스템공학(systems engineering)

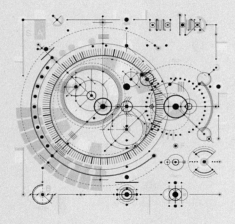

A.1 시스템공학의 원조

위너가 제창한 사이버네틱스(cybernetics)에서 사이버(cyber)는 그리스어로서 배(선박)의 조타수(操舵手, 키잡이)라고 하는 의미를 갖는다. 선박의 항해 중에 있어서 선장이 등대와 커뮤니케이션을 하면서, 그 정보를 피드백하여 방향타를 조정하고, 목적지로 향해가는 양상을 생각해 보면, 이것이 바로 사이버네틱스의 기본 모델이라고 할 수 있다. 위너는 커뮤니케이션(통신)과 피드백(정보를 취하여 동작을 수정하는 것)이 이루어지는 것은 모두 사이버네틱스라고 정의하고 있다. 따라서 인간이나 동물을 포함한 모든 생물, 그리고 오토메이션, 로봇 등이 모두 사이버네틱스의 분야에 포함되며, 제어라고 하는 중요한 개념이 등장하게 된다. 이런 의미에서 사이버네틱스는 시스템공학의 중요한 기본 요소라고 할 수 있다.

그림 1.1 위너(Wiener Norbert) : 미국의 수학자이며 사이버네틱스(cybernetics)의 창시자

수학자 힐베르트는 수학을 획기적으로 발전시키려는 의도로 몇 가지 제안을 하였다. 이 제안들을 해결함에 있어서, 인간은 계산 혹은 논리적 사고에 의하여 어떤 결정을 한다고 하는 사실로부터, 튜링은 인간의 냄새를 완전히 배제한 상태에서 임의의 결정을

내릴 수 있는 기계를 만들었다. 이 기계가 할 수 있는 것은 단지 논리적인 정확성만을 완벽하게 보증하는 것이었다. 일반적으로 기계는 오류(error)의 가능성이 인간에 비하여 매우 낮으므로 인간이 행한 논리적 구성이 맞는가 틀리는가를 이 기계로써 판정할 수 있도록 기계장치를 구성한 것이다. 이 기계를 튜링기계(turing machine)라 부르며, 이것에 의하여 인간의 논리가 보다 명확해지고 인간의 논리적 활동에 매우 큰 영향을 미침과 동시에, 이 기계가 기원이 되어서 컴퓨터가 탄생하였다. 따라서 기초수학은 시스템공학의 가장 이론적인 밑받침이자 기본이라고 할 수 있다.

앨런 튜링이 암호 해독을 위해 1943년에 만든 컴퓨터 '콜로서스'

그림 1.2 앨런 튜링과 튜링이 만든 튜링기계(Turing Machine)

다음으로 컴퓨터공학에 초점을 맞추어 고찰을 해보기로 한다. 컴퓨터공학에 있어서는 폰 노이만이 프로그램 내장방식의 컴퓨터를 처음으로 제창한 이래, 컴퓨터는 대단히 스마트한 기계로 발전하였으며. 이로 인하여 컴퓨터공학은 대성공을 거두었다. 컴퓨터공학, 시스템공학 또는 시스템과학의 태동에 획기적인 영향을 주었다고 할 수 있다.

그림 1.3 폰 노이만(Johann Ludwig von Neumann): 폰 노이만은 수학, 컴퓨터공학, 경제학, 물리학, 생물학 등 다양한 분야에서 많은 업적을 남겼다. 폰 노이만의 가장 큰 업적은 현재와 같은 [CPU], [메모리], [프로그램] 구조를 갖는 범용 컴퓨터 구조를 확립시킨 것이라 할 수 있다. 폰 노이만이 확립한 방식은 오늘날에도 거의 모든 컴퓨터 설계의 기본이 되고 있다.

마지막으로 정보이론은 시스템공학 관련 연구에 있어서 대단히 중요하다. 정보이론이란 전화회선에 관한 이론으로부터 시작되었다. 즉, 전화회선에 잡음이 섞여 있는 경우, 대화가 어느 정도까지 잘 들리도록 할 수 있을까 하는 문제에서 출발하였던 것이다. 이 경우 신호(s)와 잡음(n)과의 비 즉, s/n이 하나의 평가의 기준이 된다. 또한 이에 한 걸음 더 나아가서 인간의 대화의 본질이란 무엇인가? 즉, 말의 본질이란 무엇인가? 하는 것을 생각하면 엔트로피(entropy)라는 개념에 다다르게 된다. 정보이론에서 엔트로피라고 하는 개념은 샤논(Shannon)에 의하여 처음으로 도입되었으며, 이 엔트로피는 신뢰성을 비롯하여 각 방면에 대단히 큰 위력을 발휘하게 되었다.

그림 1.4 샤논(Claude Shannon, 1916~2001): 정보이론의 창시자이며, 응용수학자이자, 컴퓨터과학자이다. 미국 전자 통신 시대의 서막을 열었으며, '디지털의 아버지'라고 일컬어진다. 최초로 0과 1의 2진법, 즉 비트(bit)를 통해 문자는 물론 소리, 이미지 등의 정보를 전달하는 방법을 고안하였다.

A.2 시스템공학 관련 연구사례로서의 작전 연구(OR, operations research)

작전연구(operations research)는 2차 세계대전 중 "전쟁을 수행하기 위한 물자수송을 어떻게 하는 것이 합리적이며 효율적일까?"라고 하는 과제를 여러 학자가 모여서 연구를 시작한 것이 연구의 동기가 되었다. 전쟁 중에 임의의 작전을 수행하려는 경우, 매우 중요한 것 중의 하나가 일정기한 내에 전투장소(최전방)에 필요한 전투물자(탄약, 전투식량, 기름, 대포, 장갑차, 탱크 등)를 보급하는 일이다. 그러나 공교롭게도 이들 물자는 일반적으로 전투장소로부터 지리적으로 어느 정도 떨어진 지점에 보관되어 있거나, 생산되는 경우가 많다. 따라서 전투물자의 보관지점이나 생산지점으로부터 전투 장소까지의 운송경로/수단/방법이 대단히 중요한 과제로 떠오르게 된다. 물론 2차 세계대전 이전에도 전투물자를 전투 장소에 운송하는 방법 또는 이와 관련한 문제는 존재하였으나, 이 시절에는 어떤 의미에서는 과거 슈퍼마켓 이전의 재래시장에서의 물품거래와 같이 주먹구구식으로 전투물자를 생산/공급하였던 것이다.

2차 세계대전 중의 전투물자의 운송계획과 관련한 연구는 당시 영국에서 중점적으로 연구되었으며, 이 문제의 해결 방법으로서 선형계획법(LP: linear programming)이 고안되었다. 선형계획법을 다루기 위해서는 먼저 수리계획법을 이해하여야 한다. 수리계획법(mathematical programming)이란 여러 개의 제한조건하에서 목적함수(objective function)의 값을 극대화 또는 극소화하는 자원의 분배문제를 풀기 위한 기법을 말한다. 수리계획법에 속하는 다양한 기법 중 가장 널리 쓰이며 유용한 것이 바로 선형계획법이다. 선형계획법은 선형대수학의 이론을 이용한 것으로서 목적함수와 제한조건을 나타내는 제한식(constraints)이 모두 일차식이 된다고 하여 선형계획법이라고 부른다.

전투물자의 수송문제를 풀기 위한 선형계획법이 영국에서 처음 개발되었던 당시에는 이의 계산시간이 너무 오래 걸려 그다지 실용화되지 못하였다. 일반적으로 선형계획법을 사용하려면 변수의 수가 수십 개에 달하고, 많은 경우에는 변수의 수가 수백 개를 넘는 경우도 종종 있다. 이러한 경우, 이론식을 만드는 것은 가능하다고 하더라도 수작업으로 이 식에 대한 해를 얻기 위해서는 계산시간이 너무 오래 걸리게 되어 실제로 사용하기에는 어려움이 많았다. 그러나 최근에는 컴퓨터의 발달로 수백 개 이상의 변수를 가진 문제도 아주 빠른 속도로 계산해 낼 수 있다. 한마디로 선형계획법은 컴퓨터의 발달에 의하여 본래의 위력을 발휘하게 되었다고 할 수 있다. 따라서 OR연구는 각종 물자의 수송/공급을 총체적으로 체계화(systemize)하였다고 하는 의미에서 시스템공학의 원류로 볼 수 있다.

OR은 현재 각종 산업현장, 24시간 편의점을 비롯한 슈퍼/마트 그리고 백화점 등에서 대단히 폭넓게 응용/활용되고 있다.

A.3 시스템공학 관련 연구사례로서의 게임이론(game theory)

게임이라고 하는 것은 두 명 이상의 사람이 모여서 어떤 규칙 하에 승패를 가르는 것이다. 일반적으로 게임이 성립되기 위해서는 게임 참가자 그리고 게임규칙이 있어야 한다. 여기서 게임의 규칙이란 게임 참가자들이 "취할 수 있는 행동 및 취해서는 안 되는 행동" 그리고 게임의 "승패를 가르는 방법"을 말한다. 게임이론에서는 둘 이상의 경제 주체가 모여서 의사결정을 하고, 그 결과에 의해 정해진 보수를 받는 상황을 게임 상황(game situation)이라고 한다. 이러한 게임 상황을 분석하기 위한 방법론인 게임이론은 경기자, 전략집합, 그리고 보수(효용함수)로 구성되며, 이들 각각은 다음과 같이 정의된다.

① 경기자: 게임 상황에서 의사결정을 하는 경제 주체, 게임 참가자에 해당함

② 전략집합: 경기자가 게임 중에 의사결정을 내릴 수 있는 선택의 집합

③ 보수: 각 경기자가 최종적으로 게임 상황이 종료되었을 때 얻을 수 있는 효용의 크기 또는 게임의 승패를 가르는 방법

제임스 딘 주연의 "이유 없는 반항"이라고 하는 영화가 각광받던 시절이 있었다. 이 영화에서는 도로의 양쪽에서 두 명의 운전자가 차를 몰고 정면으로 돌진하는 장면이 나온다. 이 게임의 룰은 매우 간단하다. 충돌 전에 핸들을 먼저 꺾는 사람은 겁쟁이(치킨)로 몰려 패하는 것이 되며, 끝까지 정면으로 돌진한 사람은 승자(영웅)가 된다. 만일, 어느 쪽도 핸들을 꺾지 않을 경우에는 결국 정면충돌에 의하여 사고를 당하게 되고, 심한 경우는 사망하는 경우도 있을 수 있다.

이 상황을 살펴보면 내가 영웅이 되느냐, 치킨이 되느냐, 아니면 자동차 사고 당사자가 되느냐는, 나의 의사결정뿐만 아니라 상대방이 어떠한 의사결정을 내리냐에도 달려 있다. 일반적으로 이와 같은 상황은 "치킨게임" 모형이라고 불리고 있으며, 이 게임모형은 우리 주변에 대단히 많이 존재한다. 예를 들어 전쟁을 막 시작한 두 국가 간의 상

황도 전형적인 치킨게임의 유형에 해당하며, 법적인 소송 당사자 간의 법원에서의 상황, 기업에 있어서의 대규모 프로젝트 수주 활동 그리고 각종 경매 등도 치킨게임 유형에 해당한다고 볼 수 있다.

또 다른 게임 상황 유형의 예를 들어 보기로 한다. 현재 검찰이 어떤 범죄의 수사를 하고 있다고 하자. 세 명의 범죄용의자는 현재 구속된 상태로, 서로 격리되어 범죄행위에 대한 자백을 추궁 받고 있다.

이 상황에서, 세 공범 용의자가 모두 자백을 하지 않고 버틴다면, 증거 불충분으로 전원 풀려날 수도 있다. 검찰은 만일 임의의 두 사람은 범죄행위를 끝까지 자백하지 않았으나, 또 다른 공범용의자가 범죄를 자백한다면, 자백을 하지 않은 다른 용의자에게는 범죄행위에 대한 처벌뿐만 아니라, 거짓 진술에 대한 가중처벌까지 합한 중형을 내릴 것이다. 반면 순순히 자백한 용의자에게는 정상을 참작하여 본래 형량보다 적은 양의 처벌을 내릴 것이다.

즉, 이 상황에서는 내가 받을 형량은 내가 자백을 하느냐의 여부뿐만 아니라 다른 공범 용의자들이 어떤 행동을 취하느냐에 의해서 결정되는 아주 복잡한 상황인 것이다. 이와 같은 상황에서 나의 형량을 최대한 줄이기 위하여 어떤 행동을 취하는 것이 최선의 방법인가? 게임이론을 이용하면 각자의 최적 전략을 찾을 수가 있으며, 이와 같은 상황을 게임이론에서는 죄수의 딜레마(prisoner's dilemma) 모형이라고 한다.

여기에서 주목해야 할 부분은 이러한 죄수의 딜레마 모형을 갖는 게임 상황은 전술한 치킨게임 모형과 같이, 자신의 의사결정이 자신뿐만 아니라 다른 경기자의 결과에도 영향을 미치고, 상대경기자의 행동 또한 자신의 보수에 영향을 미치게 되는 상호의존성이 있는 상황이라고 하는 것이다. 이러한 상호의존성으로 인하여 각 주체는 의사결정을 할 때 다른 주체의 의사결정이 자신의 효용에 미치는 영향까지 고려한 전략적 판단을 해야 한다는 것이다. 즉, 게임이론은 의사결정에 있어서 상호의존성이 존재하는 전략적 상황에서의 최적의 전략을 결정하는 방법을 제시하는 이론인 것이다. 게임이론은 전술한 OR 기법과 함께 시스템공학에서 사용하는 최적화 기법 중 하나이다.

그림 1.5 제임스 딘 주연의 "이유 없는 반항"

A.4 만다라(曼陀羅, 인류 역사상 가장 오래된 시스템)

불교는 기독교나 회교 등과 달리 발생 초기부터 시스템 형태를 갖추어야 했다고 볼 수 있다. 불교가 형성되던 당시 인도에는 이미 브라만교의 여러 종파가 인도 각지에서 번성하고 있었고, 따라서 불교는 당시로서는 신흥 종교에 해당하였으며, 불교는 그야말로 맨주먹으로 종교계에 끼어들어야 하는 상황이었다고 볼 수 있다. 불교는 우선 그 당시의 기성 종교들을 시스템화하여 기성 종교 속에는 여러 가지로 문제점(5.2절의 "새로운 시스템의 탄생과정"에서 언급한 "결함")들이 많이 있으니, 그 문제점들을 개선해야 한다고 신도들에게 설득력 있고 명확하게 주장하지 않으면 안 되었다. 이것이 불교가 그 당시 타 종교에 비하여 시스템화된 가장 큰 이유 중의 하나이다. 불교가 하나의 시스템이라고 주장할 수 있는 가장 확실한 근거는 다른 종교에서는 유례를 찾아볼 수 없는 방대한 양의 경문(불경)이라고 할 수 있다. 즉, 화엄경, 법화경, 반야심경, 법구경, 아함경, 관음경, 유마경 등 대단히 많은 경문(약 8만 4천 경)들이 각각의 주장을 서로 관철시켜가며 논리를 전개하고 있는 것은 한마디로 장관이라고 하기에 충분하다.

그리고 이들의 관계를 도시한 것이 만다라(曼陀羅, Buddha's picture)이다. 만다라에는 여래만다라(석가모니, 아미타 등 부처가 중심에 위치함), 약사만다라(약사여래불이나 약초들로 구성), 기호만다라(옴마니, 반메훔 등의 문자나 기호(도형)가 있음), 입체만다라(모래, 나무, 쇠 등으로 만들어진 입체적 만다라) 등이 있다. 이 만다라야말로 세계에서 가장 오래된 시스템공학에 바탕을 둔 그림이라고 할 수 있다. 각각의 계급과 역할을 갖는 여러 부처들이 상하로 혹은 좌우로 정연하게 나란히 서서 제각기 설법을 전개하며, 전체 속에서 자기 자신의 위치를 정하고 있다. 만다라에 그려져 있는 부처의 수는 많게는 1000명 이상이 되는 것도 있다. 결국 만다라에 있어서는 여러 부처들이 각각의 역할에 따라서 대오를 형성하고 각각의 심성(권위)을 가지고 각각의 관점에서 설법을 한다. 그리고 개개의 이론은 어떻게 보면 서로 제 각각인 것처럼 보이지만 실제로는 전체로서 거대한 하나의 우주로 종합이 되어 불교의 세계관을 만들어 가고 있는 것이다.

불교에 있어서 대표적 시스템으로서의 만다라에는 「금강계 만다라」와 「태장계 만다라」가 있다. 태장계가 현실계를 시스템화하고 있는 데 반하여, 금강계는 정신계를 시스템화한 것이며, 또한 태장계 만다라가 여성적 원리에 의한 이(理)의 세계를 표방한 것이라면, 금강계 만다라는 남성적 원리에 의한 지(智)의 세계를 표방한 그림이다

그림 1.6 만다라(曼陀羅). 제작기간은 약 1년 정도이며, 그림의 크기는 사방 1.5~2m(미터) 정도이다. 어원: 인도 범어(梵語) mandala를 가리키는 것으로 manda는 진리(眞理) 또는 본질(本質)을 나타내고 la는 소유(所有)를 나타내는 말이다. 따라서 mandala는 중심(中心) 또는 본질(本質)을 얻는다는 말이다. 즉 마음속의 진(眞)을 갖춘다는 의미로 마음속에 참 뜻을 갖추고 자기 깨달음 및 실현을 나타내는 하나의 표현이자 체험이 만다라로 나타내지는 것이다. 유래: 4세기~7세기경 인도 불교의 역사적 흐름 속에서 영성적 우주도(宇宙圖)로 등장하여 깨달음의 영성체험을 상징적인 회화로 표현하였다.

A.5 인류가 유사 이래 추구해온 것들

인류가 유사 이래 온갖 정성과 역량을 다하여 추구해온 것을 간단히 정리해 본다면, 진(眞), 선(善), 미(美)가 된다고 할 수 있을 것이다.

(1) 정신문화의 창조(선(善))

인류가 추구해온 정신문화(종교, 철학 등)의 창조는 대체로 서기 1세기경에 거의 절정에 달했다고 볼 수 있을 것이다(예수님, 부처님, 소크라테스 등이 활약했던 시기가 이 시기임). 다시 말해서 1세기경에는 위대한 정신문화에 관한 대발견이 매우 많았다. 그러나 1세기경 이후에는 사실상 매우 독창적이며 고유한 것이 적으며, 있다고 하더라도 이때에 형성된 것의 모방종교 또는 재발견, 재구성이 산재하여 나타나는 정도이다. 즉, 정신문화의 창조에 관한 또 다른 거대한 정점(peak)이 없이 현재에 이르고 있다고 볼 수 있다.

그림 1.7 예수님, 부처님, 소크라테스, 공자

(2) 예술의 창조(미(美))

인류가 추구해온 예술적인 측면에 대하여 생각해 보면, 르네상스 시대인 16세기경을 정점으로 하여 예술적인 면에서의 대발견이 대단히 많이 이루어졌고(레오나르도 다빈치, 미켈란젤로, 셰익스피어 등이 활약했던 시기가 이 시기임. 그림 1.8 참조), 그 이후에는 이들의 재발견/재해석이 지속적으로 이루어지고 있다고 주장하더라도 과언이 아니라고 생각된다.

그림 1.8 르네상스 시대의 예술작품: 르네상스는 14~16세기에 서유럽 문명사에 나타난 문화운동으로 학문 또는 예술의 재생·부활이라는 의미를 가지고 있으며, 프랑스어의 Renaissance, 이탈리아어의 Rina scenza 에서 어원을 찾을 수 있다. 고대의 그리스/로마 문화를 이상으로 하여 이들을 부흥시킴으로써 새 문화를 창출해 내려는 운동으로, 그 범위는 사상/문학/미술/건축 등 다방면에 걸친 것이었다.

(3) 과학기술의 창조(진(眞))

과학적 발견(뉴턴의 법칙, 아인슈타인의 상대성이론, 마르코니의 전파 발견 등을 비롯한 다양한 분야에서의 과학적 사실의 발견)에 있어서도 마찬가지로, 전술한 바와 같은 양상으로 현재까지 진행되어 왔다고 할 수 있다. 즉, 현재의 상황을 살펴보면, 과학기술에 있어서 획기적인 새로운 발견이 이루어지는 경우는 대단히 드물며, 어떤 의미에서는 인류에 유용한 과학적 발견은 18세기부터 20세기 중반까지 대체로 거의 다 이루어졌다고 생각된다.

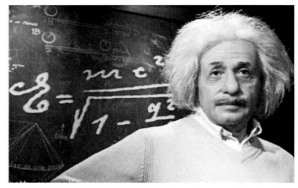 

그림 1.9 아인슈타인 및 뉴턴

(4) 시스템설계

향후 인류사회의 획기적인 발전을 뒷받침해줄 새로운 발견거리가 거의 없다고 한다면, 앞으로 인류가 해야 할 일은 이미 가지고 있는(선구자들이 이루어 놓은) 지식(발견)을 유효하게 활용/응용/조합해야 하는 것이라고 할 수 있다. 이를 위해서는 시스템공학적인 방법을 적극 이용하여 인류사회에 진정으로 유용한 물건을 설계하는 것이 매우 중요한 과제라고 할 수 있다.

한 때 엄청난 화제가 되었던 아폴로 11호의 달착륙이 벌써 47주년을 맞이했습니다.
정확히는 1969년 7월 20일에 착륙하였으니 47년 하고도 4일이 더 지났군요 !

당시 아폴로 11호에 타고있던 닐 암스트롱은 인류 최초로 달 위에 올라가면서...
역사적인 발자국을 남김과 동시에 역사적인 명언을 남겼습니다.

그림 1.10 시스템설계 이론을 바탕으로 개발한 각종 기계시스템

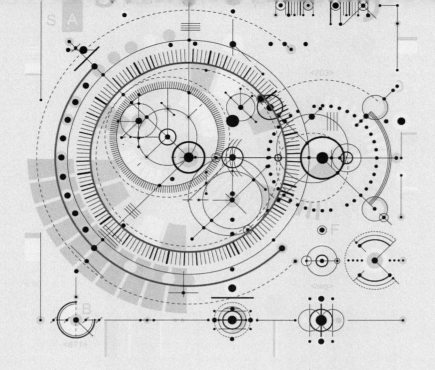

2

FERGUSON 및

BEZIER 곡선 프로그램

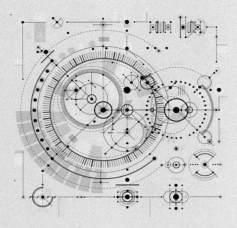

A.1 확대, 축소, 회전 및 FERGUSON 곡선

```cpp
// fer_curvView.cpp : implementation of the CFer_curvView class
//

#include "stdafx.h"
#include "fer_curv.h"
#include "math.h"

#include "fer_curvDoc.h"
#include "fer_curvView.h"

#ifdef _DEBUG
#define new DEBUG_NEW
#undef THIS_FILE
static char THIS_FILE[] = __FILE__;
#endif


/////////////////////////////////////////////////////////////////////////
// CFer_curvView

IMPLEMENT_DYNCREATE(CFer_curvView, CView)

BEGIN_MESSAGE_MAP(CFer_curvView, CView)
        //{{AFX_MSG_MAP(CFer_curvView)
                // NOTE - the ClassWizard will add and remove mapping macros
here.
                //      DO NOT EDIT what you see in these blocks of generated
code!
        //}}AFX_MSG_MAP
        // Standard printing commands
        ON_COMMAND(ID_FILE_PRINT, CView::OnFilePrint)
        ON_COMMAND(ID_FILE_PRINT_DIRECT, CView::OnFilePrint)
        ON_COMMAND(ID_FILE_PRINT_PREVIEW, CView::OnFilePrintPreview)
END_MESSAGE_MAP()
```

```
/////////////////////////////////////////////////////////////////////
// CFer_curvView construction/destruction

CFer_curvView::CFer_curvView()
{
        // TODO: add construction code here

}

CFer_curvView::~CFer_curvView()
{
}

BOOL CFer_curvView::PreCreateWindow(CREATESTRUCT& cs)
{
        // TODO: Modify the Window class or styles here by modifying
        //   the CREATESTRUCT cs

        return CView::PreCreateWindow(cs);
}


/////////////////////////////////////////////////////////////////////
// CFer_curvView drawing

void CFer_curvView::OnDraw(CDC* pDC)
{
        CFer_curvDoc* pDoc = GetDocument();
        ASSERT_VALID(pDoc);
        // TODO: add draw code for native data here

        Vector P1, P4, T1, T4;
        int n = 1000;

    P1.x = 100;    P1.y = 150;
        P4.x = 170;P4.y = 150;
        T1.x = 500; T1.y = -100;
        T4.x = 200;        T4.y = -150;
```

```
        op(P1, P4, T1, T4, n, 0, 10);


        P1.x = 100;        P1.y = 150;
        P4.x = 170;        P4.y = 150;
        T1.x = 400;        T1.y = -100;
        T4.x = 200;        T4.y = -150;
        op(P1, P4, T1, T4, n, 0, 200);
}


/////////////////////////////////////////////////////////////////////////
// CFer_curvView printing

BOOL CFer_curvView::OnPreparePrinting(CPrintInfo* pInfo)
{
        // default preparation
        return DoPreparePrinting(pInfo);
}


void CFer_curvView::OnBeginPrinting(CDC* /*pDC*/, CPrintInfo* /*pInfo*/)
{
        // TODO: add extra initialization before printing
}


void CFer_curvView::OnEndPrinting(CDC* /*pDC*/, CPrintInfo* /*pInfo*/)
{
        // TODO: add cleanup after printing
}


/////////////////////////////////////////////////////////////////////////
// CFer_curvView diagnostics

#ifdef _DEBUG
void CFer_curvView::AssertValid() const
{
        CView::AssertValid();
}
```

```
void CFer_curvView::Dump(CDumpContext& dc) const
{
        CView::Dump(dc);
}

CFer_curvDoc* CFer_curvView::GetDocument() // non-debug version is inline
{
        ASSERT(m_pDocument->IsKindOf(RUNTIME_CLASS(CFer_curvDoc)));
        return (CFer_curvDoc*)m_pDocument;
}
#endif //_DEBUG


/////////////////////////////////////////////////////////////////////////////
// CFer_curvView message handlers

void CFer_curvView::op(Vector p1, Vector p4, Vector r1, Vector r4, int n, int xp,
int yp)
{
        CClientDC cdc(this);

        double X, Y, d, t, t2, t3, U[4];
        int i;

        double M[4][4] = {{ 2,   -3,    0,    1},
                          {-2,    3,    0,    0},
                          { 1,   -2,    1,    0},
                          { 1,   -1,    0,    0}};

        double S[3][4] = { {p1.x, p4.x, r1.x, r4.x},
                                              {p1.y, p4.y, r1.y, r4.y}};
        d = 1.0/n;
        for(i=0; i<n; i++)
        {
                t = i * d;
                t2 = pow(t, 2);
                t3 = pow(t, 3);
```

```
            U[0] = C[0][0]*t3 + C[0][1]*t2 + C[0][2]*t + C[0][3];
            U[1] = C[1][0]*t3 + C[1][1]*t2 + C[1][2]*t + C[1][3];
            U[2] = C[2][0]*t3 + C[2][1]*t2 + C[2][2]*t + C[2][3];
            U[3] = C[3][0]*t3 + C[3][1]*t2 + C[3][2]*t + C[3][3];


            X = S[0][0]*U[0] + S[0][1]*U[1] + S[0][2]*U[2] + S[0][3]*U[3] +
xp;

            Y = S[1][0]*U[0] + S[1][1]*U[1] + S[1][2]*U[2] + S[1][3]*U[3] +
yp;


            cdc.SetPixel((int)X, (int)Y, RGB(0,0,255));
        }
}
```

A.2 BEZIER 곡선

```
// bez_curvView.cpp : implementation of the CBez_curvView class
//

#include "stdafx.h"
#include "bez_curv.h"
#include "math.h"

#include "bez_curvDoc.h"
#include "bez_curvView.h"

#ifdef _DEBUG
#define new DEBUG_NEW
#undef THIS_FILE
static char THIS_FILE[] = __FILE__;
#endif


/////////////////////////////////////////////////////////////////////////
// CBez_curvView

IMPLEMENT_DYNCREATE(CBez_curvView, CView)

BEGIN_MESSAGE_MAP(CBez_curvView, CView)
        //{{AFX_MSG_MAP(CBez_curvView)
            // NOTE - the ClassWizard will add and remove mapping macros here.
            //    DO NOT EDIT what you see in these blocks of generated code!
        //}}AFX_MSG_MAP
        // Standard printing commands
        ON_COMMAND(ID_FILE_PRINT, CView::OnFilePrint)
        ON_COMMAND(ID_FILE_PRINT_DIRECT, CView::OnFilePrint)
        ON_COMMAND(ID_FILE_PRINT_PREVIEW, CView::OnFilePrintPreview)
END_MESSAGE_MAP()
```

```
///////////////////////////////////////////////////////////////////////
// CBez_curvView construction/destruction

CBez_curvView::CBez_curvView()
{
        // TODO: add construction code here

}


CBez_curvView::~CBez_curvView()
{
}


BOOL CBez_curvView::PreCreateWindow(CREATESTRUCT& cs)
{
        // TODO: Modify the Window class or styles here by modifying
        //  the CREATESTRUCT cs

        return CView::PreCreateWindow(cs);
}


///////////////////////////////////////////////////////////////////////
// CBez_curvView drawing

void CBez_curvView::OnDraw(CDC* pDC)
{
        CBez_curvDoc* pDoc = GetDocument();
        ASSERT_VALID(pDoc);
        // TODO: add draw code for native data here

        Vector P1, P4, T1, T4;

        int n = 1000;

        P1.x = 100;      P1.y = 150;
        P4.x = 400;      P4.y = 150;
        T1.x = 0  ; T1.y = -300;
```

```
            T4.x = 0   ; T4.y = 300;
            op(P1, P4, T1, T4, n, 100, 0);

            P1.x = 100;         P1.y = 150;
            P4.x = 400;         P4.y = 150;
            T1.x = 1000;T1.y = -300;
            T4.x = 1000;T4.y = 300;
            op(P1, P4, T1, T4, n, 100, 200);
}


/////////////////////////////////////////////////////////////////////
// CBez_curvView printing

BOOL CBez_curvView::OnPreparePrinting(CPrintInfo* pInfo)
{
        // default preparation
        return DoPreparePrinting(pInfo);
}


void CBez_curvView::OnBeginPrinting(CDC* /*pDC*/, CPrintInfo* /*pInfo*/)
{
        // TODO: add extra initialization before printing
}


void CBez_curvView::OnEndPrinting(CDC* /*pDC*/, CPrintInfo* /*pInfo*/)
{
        // TODO: add cleanup after printing
}


/////////////////////////////////////////////////////////////////////
// CBez_curvView diagnostics

#ifdef _DEBUG
void CBez_curvView::AssertValid() const
{
        CView::AssertValid();
}
```

```
void CBez_curvView::Dump(CDumpContext& dc) const
{
        CView::Dump(dc);
}


CBez_curvDoc* CBez_curvView::GetDocument() // non-debug version is inline
{
        ASSERT(m_pDocument->IsKindOf(RUNTIME_CLASS(CBez_curvDoc)));
        return (CBez_curvDoc*)m_pDocument;
}
#endif //_DEBUG


/////////////////////////////////////////////////////////////////////////
// CBez_curvView message handlers

void CBez_curvView::op(Vector p1, Vector p4, Vector r1, Vector r4, int n, int xp,
int yp)
{
        CClientDC cdc(this);

        double X, Y, d, t, t2, t3, U[4];
        int i;

        double C[4][4] = {{ 1,   3, -3,  1},
                          { 3, -6,  3,  0},
                          {-3,  3,  0,  0},
                          { 1,  0,  0,  0}};

        double R[3][4] = { {p1.x, p4.x, r1.x, r4.x},
                                                {p1.y, p4.y, r1.y, r4.y}};
        d = 1.0/n;
        for(i=0; i<n; i++)
        {
                t = i * d;
                t2 = pow(t, 2);
                t3 = pow(t, 3);
```

```
                U[0] = M[0][0]*t3 + M[0][1]*t2 + M[0][2]*t + M[0][3];
                U[1] = M[1][0]*t3 + M[1][1]*t2 + M[1][2]*t + M[1][3];
                U[2] = M[2][0]*t3 + M[2][1]*t2 + M[2][2]*t + M[2][3];
                U[3] = M[3][0]*t3 + M[3][1]*t2 + M[3][2]*t + M[3][3];

                X = R[0][0]*U[0] + R[0][1]*U[1] + R[0][2]*U[2] + R[0][3]*U[3] +
xp;

                Y = R[1][0]*U[0] + R[1][1]*U[1] + R[1][2]*U[2] + R[1][3]*U[3] +
yp;

                cdc.SetPixel((int)X, (int)Y, RGB(0,0,255));
        }
}
```

A.3 프로그램의 실행 결과

■ 도형의 원래 모습

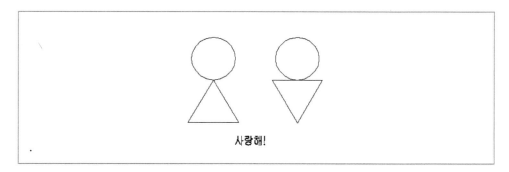

■ 회전한 결과

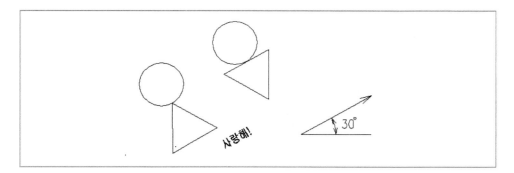

■ 확대한 결과

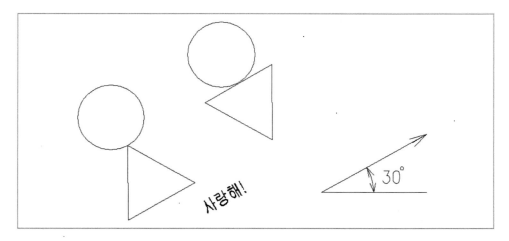

■ 축소한 결과

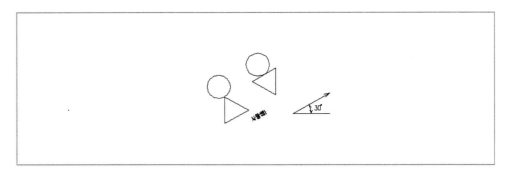

■ FERGUSON 곡선

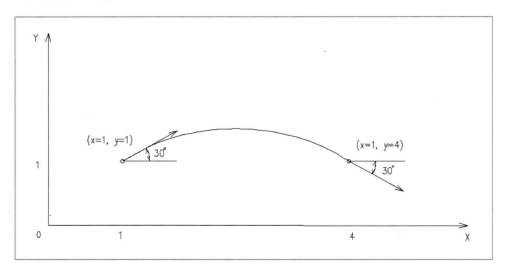

■ BEZIER 곡선

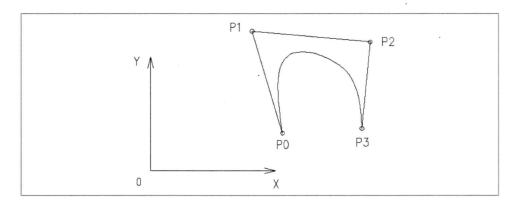

■ BEZIER 곡선

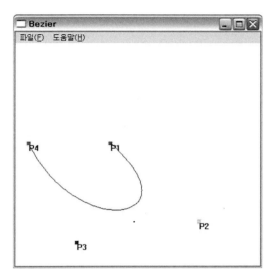

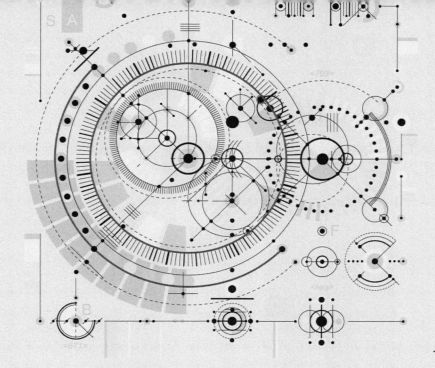

3

논리게이트 및 플립플롭

A) 논리게이트(logic gate)

논리연산을 위한 논리회로(logic circuit)를 논리게이트(gate)라고 하며, 논리게이트에는 AND, OR, NAND, NOR, XOR, XNOR, NOT, BUFFER 등이 있다. 이들의 기호를 그림 S-1에 표시하였으며, 진리표(truth table)를 표 S-1에서 표 S-3 사이에 나타내었다.

그림 S-1에서와 같이 NAND게이트는 AND게이트의 보수로 AND게이트의 기호 앞부분에 작은 원을 붙여 사용한다. NOR게이트도 마찬가지로 OR게이트의 보수로 OR게이트의 기호에 작은 원을 붙여 사용한다. 일반적으로 컴퓨터 내부의 회로에서는 NAND게이트와 NOR게이트는 AND나 OR게이트보다 더 많이 사용된다. XOR게이트의 기호는 OR게이트의 입력 측에 선을 하나 더 부가하여 사용한다. 이들 게이트들은 모두 IC화되어있으며, 저렴한 가격으로 구입할 수 있다. 각 게이트에 대한 수학적 표현은 다음과 같다.

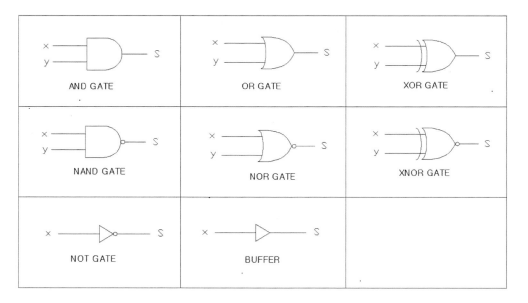

그림 S-1 논리게이트

① AND게이트(논리곱)

「·」로 표시함. 단, 연산기호「·」를 생략하는 경우도 있음.

ex) $S = x \cdot y$

② OR게이트(논리합)

「+」로 표시함.

ex) $S = x + y$

③ NOT게이트(부정)

「'(prime)」이나「-(bar)」로 표시함.

ex) $S = x'$

④ NAND게이트

$(x \cdot y)'$로 표시함.

ex) $S = (x \cdot y)'$

⑤ NOR게이트

$(x+y)'$로 표시함.

ex) $S = (x+y)'$

⑥ XOR게이트

$x \oplus y$로 표시함.

ex) $S = x \oplus y$

⑦ BUFFER게이트

x로 표시함.

ex) $S = x$

⑧ XNOR게이트

$x \odot y$로 표시함.

ex) $S = x \odot y$

표 S-1 AND, OR, NOT게이트

x y	$x \cdot y$ (AND)	$x + y$ (OR)	x (NOT)
0 0	0	0	1
0 1	0	1	1
1 0	0	1	0
1 1	1	1	0

표 S-2 NAND, NOR, XOR게이트

x y	$(x \cdot y)'$ (NAND)	$(x+y)'$ (NOR)	$x \oplus y$ (XOR)
0 0	1	1	0
0 1	1	0	1
1 0	1	0	1
1 1	0	0	0

표 S-3 BUFFER 및 XNOR게이트

x y	x (BUFFER)	$x \odot y$ (XNOR)
0 0	0	1
0 1	0	0
1 0	1	0
1 1	1	1

부울대수(Boolean algebra)는 19세기 영국의 수학자 G. Boole이 논리에 대한 체계적인 규칙을 정립한 데서부터 기인하며, 부울대수는 일반대수에서와 동일하게 교환법칙, 결합법칙, 배분법칙이 성립한다. 또한 부울대수에서는 부정의 부정은 원래대로 돌아온다(다중부정; A = A). 부울대수의 배분법칙의 진리표를 표 S-4에 표시하였다.

(a) 교환법칙

$A + B = B + A$

$A \cdot B = B \cdot A$

(b) 결합법칙

$A + B + C = (A + B) + C = A + (B + C)$

$A \cdot B \cdot C = (A \cdot B) \cdot C = A \cdot (B \cdot C)$

(c) 배분법칙

$A \cdot (B + C) = A \cdot B + A \cdot C$

$(A + B)(C + D) = A \cdot C + A \cdot D + B \cdot C + B \cdot D$

표 S-4 부울대수의 배분법칙의 진리표

A B C	A·B	A·C	B+C	A·(B + C)	A·B+A·C
0 0 0	0	0	0	0	0
0 0 1	0	0	1	0	0
0 1 0	0	0	1	0	0
0 1 1	0	0	1	0	0
1 0 0	0	0	0	0	0
1 0 1	0	1	1	1	1
1 1 0	1	0	1	1	1
1 1 1	1	1	1	1	1

A-1) De Morgan의 정리

De Morgan의 정리란 「논리식의 부정을 변환하려면 모든 +를 · 로 , 또 모든 · 를 +로 변환하고, 변수의 각각의 부정을 취하면 된다.」라는 것으로 논리식을 간단히 하고, 여러 가지 연산을 다루기 위해서 사용하는 매우 중요한 정리이다. De Morgan의 정리에는 제1정리와 제 2정리가 있으며 다음과 같다.

ⓐ De Morgan의 제1의 정리: 논리합을 논리곱으로 변환하는 정리

$$\overline{A + B} = \overline{A} \cdot \overline{B}$$

ⓑ De Morgan의 제2의 정리: 논리곱을 논리합으로 변환하는 정리

$$\overline{A \cdot B} = \overline{A} + \overline{B}$$

이 식들은 모든 변수에 대해서도 성립되며, 일반화하면 다음과 같이 된다. De Morgan 의 정리의 진리표를 표 S-5에 표시하였다.

$$\overline{A + B + C + \cdots + N} = \overline{A} \cdot \overline{B} \cdot \overline{C} \cdot \cdots \cdots \cdot \overline{N}$$
$$\overline{A \cdot B \cdot C \cdots \cdots N} = \overline{A} + \overline{B} + \overline{C} + \cdots + \overline{N}$$

표 S-5 De Morgan의 정리의 진리표

A	B	$\overline{A}$	$\overline{B}$	$\overline{A} \cdot \overline{B}$	A + B	$\overline{A + B}$	A · B	$\overline{A \cdot B}$	$\overline{A} \cdot \overline{B}$
0	0	1	1	1	0	1	0	1	1
0	1	1	0	0	1	0	0	1	1
1	0	0	1	0	1	0	0	1	1
1	1	0	0	0	1	0	1	0	0

A-2) 쌍대의 정리

쌍대의 정리란 「어떤 논리식이 성립할 때, 그 논리식의 +를 · 로, · 를 +로 변환한 식도 성립한다.」라는 것으로, 이 또한 논리식을 간단히 하기 위해서 매우 중요한 정리이다. 쌍대의 정리를 식으로 표현하면 다음과 같이 된다. 쌍대의 정리가 성립함을 표 S-6에 표시하였다.

$$A \cdot (B + C) = (A \cdot B) + (A \cdot C)$$
$$\downarrow \quad \downarrow \qquad \downarrow \quad \downarrow \quad \downarrow$$
$$A + (B \cdot C) = (A + C) \cdot (A + C)$$

표 S-6 쌍대의 정리

A	B	C	A·(B+C)	A·B	A·C	A·B+A·C	B·C	A+B	A+C	(A+C)·(A+C)	A+B·C	B+C
0	0	0	0	0	0	0	0	0	0	0	0	0
0	0	1	0	0	0	0	0	0	1	0	0	0
0	1	1	0	0	0	0	0	1	0	0	0	0
0	1	1	0	0	0	0	1	1	1	1	1	0
1	0	0	0	0	0	0	0	1	1	1	1	0
1	0	1	1	0	1	1	0	1	1	1	1	1
1	1	1	1	1	0	1	0	1	1	1	1	1
1	1	1	1	1	1	1	1	1	1	1	1	1

A-3) 부울함수의 간략화

그림 S-2 (a) 및 (b)에서 $S_1(= x'y'z + x'yz + xy')$과 $S_2(= xy' + x'z)$는 수학적으로 동일한 함수이다. 그러나 S_2쪽이 보다 적은 수의 입력(AND게이트의 입력 수)을 가지며 또한 더 적은 게이트들로 구성되어 있어서 훨씬 경제적이며, 소형화가 가능하다. 즉, S_1과 같은 회로 설계로는 낭비가 되므로 부울함수는 가능한 한 간략화하는 것이 좋다. S_1과 S_2의 진리표를 표 S-7에 표시하였다. 일반적으로 부울함수의 간략화를 위해서 다음과 같은 방법이 이용된다.

ⓐ 항의 결합 : $AB + AB' = A(B + B') = A$

   ex 1) $xyz' + xyz = x(yz' + yz) + xy$

   ex 2) $xy'z + xyz + x'yz = xy'z + xyz + xyz + x'yz = xy + yz$

ⓑ 항의 소거 : $A + AB = A, \quad AB + A'C + BC = AB + A'C$

   ex 1) $x'y + x'yz = x'y$

   ex 2) $x'yz' + yzw + x'yw = x'yz' + yzw$

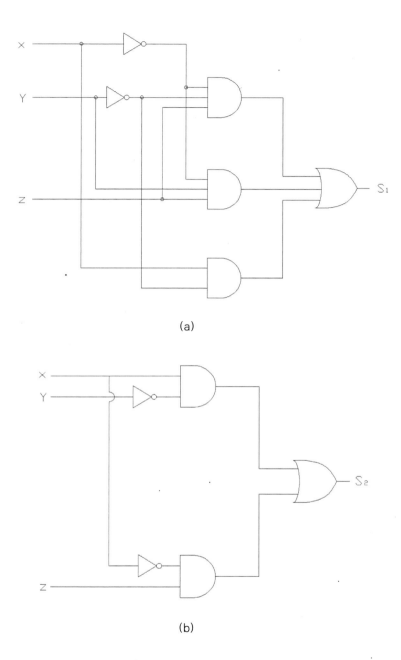

(a)

(b)

그림 S-2 부울함수의 간략화

표 S-7 S_1과 S_2의 진리표

x	y	z		S_1	S_2
0	0	0		0	0
0	0	1		1	1
0	1	0		0	0
0	1	.1		1	1
1	0	0		1	1
1	0	1		1	1
1	1	0		0	0
1	1	1		0	0

B) 플립플롭(flip-flop)

레지스터(register)란 컴퓨터의 중앙처리장치가 임의의 정보를 일시적으로 기억하거나 데이터를 보관하는 장소를 말한다. 즉, 정보를 일시적으로 기억할 수 있도록 한 것을 레지스터라고 하며, 이곳에서는 Memory Cell로서 이용되는 플립플롭(flip-flop)에 대하여 알아보기로 한다.

플립플롭은 컴퓨터 시스템 내부에서 0 또는 1의 값을 기억시키기 위한 것으로서, 플립플롭에서는 S를 세트(set)측 입력이라고 하고, R을 리세트(reset)측 입력이라고 한다. 기본적으로 1개의 플립플롭으로 1비트의 데이터를 기억할 수 있으며, 세트된 상태를 「1」이 기억되었다 하고, 리세트 상태를 「0」이 기억되어 있다고 한다. 컴퓨터에 사용되는 플립플롭에는 RS 플립플롭, JK 플립플롭 등이 있다.

B-1) RS 플립플롭

RS 플립플롭은 그림 S-3과 같이 2개의 입력단자 R(reset), S(set)를 가지고 있으며, 입력에 따라 0 또는 1을 기억할 수 있다. 출력은 2개의 서로 반대되는 상태를 갖는다. 즉, 출력 Q가 1이면, 출력 Q는 0이 된다. RS 플립플롭에서는 R 단자와 S 단자가 모두 0이면 출력은 변함이 없고, 전상태의 기억된 값이 그대로 출력된다. 그러나 R 단자가 0 이고 S 단자가 1 이면 플립플롭에는 1이 기억된다. 또한 R 단자가 1이고 S가 0이면 0으로 기억된다.

RS 플립플롭에서는 R과 S단자에 동시에 1을 입력되게 하는 것이 금지되어 있다. 2개의 NOR gate로 구성된 RS 플립플롭을 그림 S-3에 표시하였다. RS flip-flop에 대한 진리표를 표 S-8에 나타내었다.

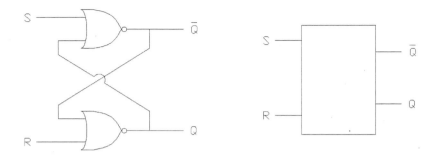

그림 S-3 RS 플립플롭

표 S-8 RS flip-flop의 진리표

R	S	Q
0	0	상태의 변화 없음
0	1	1
1	0	0
1	1	(금 지)

B-2) JK 플립플롭

RS 플립플롭에서는 입력단자(R(reset) 및 S(set))에 동시에 1이 입력되는 것이 금지 되어 있으며, 이를 개선한 것이 JK 플립플롭이다. JK 플립플롭에서는 J 단자와 K 단자에 동시에 1이 입력되면, 기억된 값에 대해 반전된 값이 출력된다. 즉, 이전 상태에 1이 기억되어 있었으면 0이 되고, 0이 기억되어 있었으면 1로 된다.

JK 플립플롭은 일반적으로 마스터 슬레이브(master-slave) 형태의 구조를 가지고 있다. JK 플립플롭을 그림 S-4에 표시하였으며, JK flip-flop에 대한 진리표를 표 S-9에 나타내었다.

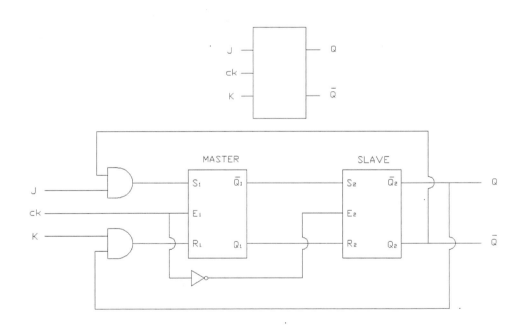

그림 S-4 JK 플립플롭

표 S-9 JK flip-flop의 진리표

J	K	Q
0	0	상태의 변화 없음
0	1	0
1	0	1
1	1	전상태의 반대

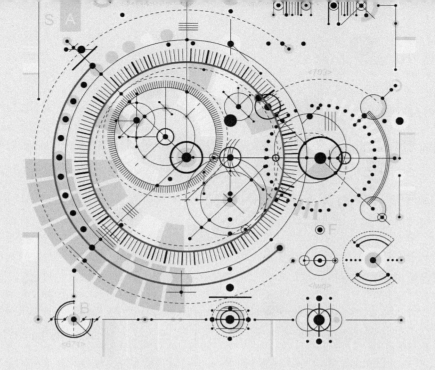

가산기, 멀티플렉서 및 인코더

(A) 반가산기 및 전가산기

컴퓨터에 있어서 덧셈은 산술연산의 기본이라고 할 수 있다. 디지털 컴퓨터에서의 논리회로는 조합논리회로(combinational logic circuit)와 순서논리회로(sequential logic circuit)로 구성된다. 이 절에서는 컴퓨터 내부에서 덧셈을 하기 위한 반가산기(half adder) 및 전가산기(full adder)에 대하여 알아보기로 한다.

1) 반가산기(half adder)

2진수의 덧셈에 있어서는 올림수가 발생하지 않는 경우(0 + 0 = 0, 0 + 1 = 1, 1 + 0 = 1)와, 올림수가 발생하는 경우가 있다(1 + 1 = 10). 입력으로서 피가수(augend)를 x. 그리고 가수(addend)를 y라하고, 출력을 S(덧셈결과) 및 C(올림수)라고 하면 반가산기에 대한 진리표는 표 A-1과 같이 된다. 또한 XOR게이트와 AND게이트를 이용하여 반가산기를 구현한 회로도를 그림 A-1에 표시하였다.

표 A-1 반가산기의 진리표

x(피가수)　　y(가수)	C(올림수)	S(덧셈결과)
0　　　 0	0	0
0　　　 1	0	1
1　　　 0	0	1
1　　　 1	1	0

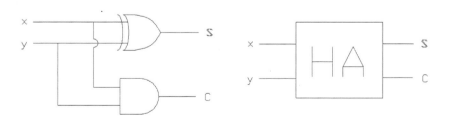

그림 A-1 반가산기(S=x⊕y, C=xy)

2) 전가산기(full adder)

반가산기와는 달리, 전가산기는 앞의 상태에서 넘어온 올림수의 처리를 위해 입력변수가 1개 더 필요하게 된다. 따라서 입력변수는 피가수, 가수의 x, y와 입력올림수 z로 되며, 출력변수는 반가산기의 경우와 마찬가지로 출력올림수 C와 덧셈결과 S로 된다. 전가산기에 대한 진리표는 표 A-2와 같이 된다. 여기에서 S 및 C에 대한 부울함수는 다음과 같이 되며, 그림 A-2에 전가산기를 표시하였다.

$$S = x'y'x + x'yz' + xy'z' + xyz$$
$$C = xy + xz + yz$$

표 A-2 전가산기의 진리표

x(피가수)	y(가수)	z(올림수)	C(올림수)	S(덧셈결과)
0	0	0	0	0
0	0	1	0	1
0	1	0	0	1
0	1	1	1	0
1	0	0	0	1
1	0	1	1	0
1	1	0	1	0
1	1	1	1	1

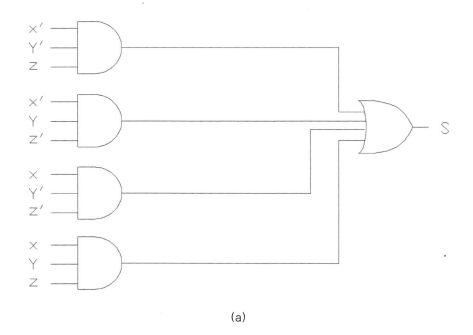

(a)

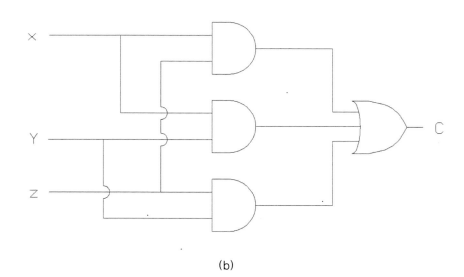

(b)

그림 A-2 전가산기

반가산기를 사용한 전가산기의 구성하는 방법을 그림 A-3에 표시하였다. 이 그림에서 덧셈결과 S 및 올림수 C는 다음 식에 의하여 얻어진 것이다.

$$S = z \oplus (x \oplus y)$$
$$= z'A + zA'$$
$$= z'(x \oplus y) + z(x \oplus y)'$$
$$= z'(x'y + xy') + z(x'y + xy')'$$
$$= z'(x'y + xy') + z(xy + x'y')$$
$$= x'yz' + xy'z' + xyz + x'y'z$$

단, $A = (x \oplus y)$

$$C = z(x \oplus y) + xy$$
$$= z(x'y + xy') + xy$$
$$= x'yz + xy'z + xy$$

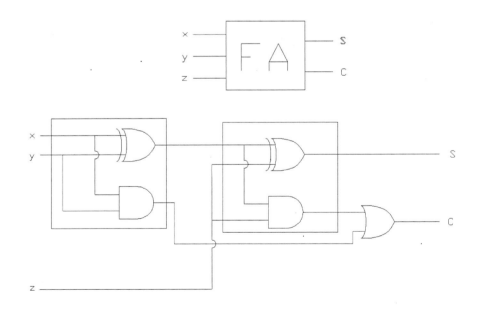

그림 A-3 반가산기 2개와 OR게이트를 이용한 전가산기

(B) 2진 직렬가산기 및 2진 병렬가산기

예를 들어 4비트인 두 수 1011와 0111을 더할 때, 그림 B-1와 같이 된다. 또한 이를 전 가산기를 사용하여 구성하면 다음 표 B-1과 같이 된다.

표 B-1 4비트짜리 두 수의 덧셈

C_i: 입력올림수	0100	z
A_i: 피가수	1011	x
B_i: 가수	<u>0011</u>	y
S_i: 합	1110	S
C_{i+1}: 출력올림수	0011	C

올림수	$A_4A_3A_2A_1$	(피가수)	1011	5
↓	$\underline{B_4B_3B_2B_1}$	(가 수)	+0111	+7
S_5	$S_4S_3S_2S_1$	(합)	①0010	2

그림 B-1 4비트짜리 두 수의 덧셈

1) 2진 직렬가산기(binary cascade adder)

2진 직렬가산기를 그림 B-2에 표시하였다. 이 직렬가산기의 구동순서는 다음과 같다.

ⓐ 전가산기에 의해 그 입력에 피가수 A_i 및 가수 B_i의 각 비트를 LSB(A_1, B_1)로부터 순차적으로 그리고 직렬로 입력시킨다.

ⓑ 이때 생긴 올림수 출력 C_i는 1비트의 시프트 레지스터를 통과하여, 1비트 타임만큼만 늦추어져서(DELAY) 다음의 입력(A_{i+1}, B_{i+1})과 함께 전가산기에 입력된다.

이 회로의 특징은 회로의 구성이 매우 간단하지만, 연산시간이 많이 걸린다는 것이다.

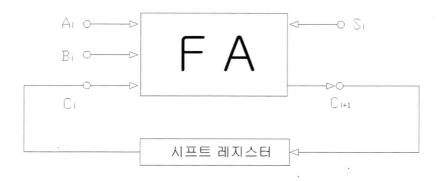

그림 B-2 직렬가산기

2) 2진 병렬가산기(binary parallel adder)

2진 병렬가산기란 1비트분의 전가산기를 각 비트에 설치하여, 전체 비트를 병렬로 연산하는 가산기를 말한다. 이 회로의 특징은 직렬가산기에 비하여 회로의 구성이 매우 복잡하지만, 연산시간이 매우 짧다는 것이다.

n비트의 2진 병렬가산기에서는 n개의 전가산기가 필요하게 된다. 반면, 직렬가산기에서는 1개의 전가산기만 있으면 된다. 4비트의 병렬가산기를 그림 B-3에 표시하였다. 이 그림에서 A_1~A_4는 피가수, B_1~B_4는 가수를 나타내고, 첨자 1은 가장 낮은 차수의 비트를 표시한다.

또한 C_1~C_5는 올림수를 나타낸다. 여기서 C_1은 입력올림수며, C_5는 출력올림수이다. 앞에서 넘어오는 올림수가 없다면 $C_1=0$이 된다.

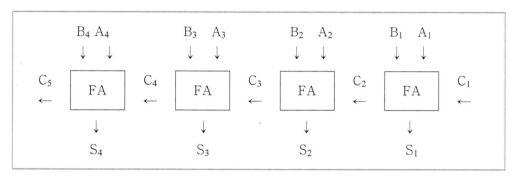

그림 B-3 4비트 병렬 가산기(전가산기)

(C) 인코더, 디코더

1) 인코더

인코더(encoder, 부호기)란 2^n개의 입력에 대하여 n개의 출력을 형성하는 것을 말한다. 예를 들어 $8(2^3)$개의 입력에 대하여 3개의 출력을 내는 경우를 그림 C-1에 표시하였다. 이 그림에서와 같이 인코더의 입력은 그 중 단 1개만이 1이 되는 것으로 진리표를 표에 표시하였다.

표 C-1 인코더의 진리표

D_0	D_1	D_2	D_3	D_4	D_5	D_6	D_7	x	y	z
1	0	0	0	0	0	0	0	0	0	0
0	1	0	0	0	0	0	0	0	0	1
0	0	1	0	0	0	0	0	0	1	0
0	0	0	1	0	0	0	0	0	1	0
0	0	0	0	1	0	0	0	1	0	0
0	0	0	0	0	1	0	0	1	0	1
0	0	0	0	0	0	1	0	1	1	0
0	0	0	0	0	0	0	1	1	1	1

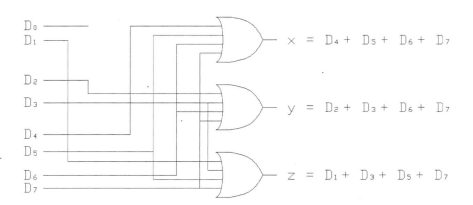

그림 C-1 인코더

2) 디코더

디코더(decoder, 복호기)란 n개의 입력에 대하여 2^n개의 출력이 나오는 것으로 인코더와 반대의 기능을 하는 것을 말한다. 일반적으로 n×m 디코더라고 하며, 3×8 디코더를 그림 C-3에 표시하였으며, 진리표를 표 C-2에 표시하였다.

디코더란 입력선의 적당한 조합에 의해 어떤 특정 선에만 신호를 내보낼 수 있게 한 것이다. 여기에서 입력변수 x, y, z에 대해 2^3개의 최소항을 만든다. 즉 D_0의 출력에 1을 내기 위해서는 입력변수는 x=0, y=0, z=1인 관계를 갖는다. 그리고 D_1에 1을 내기 위해서 x=0, y=0, z=1인 관계를 갖는다. 이처럼 디코더는 입력조합에 의해 선정된 출력선만이 1의 출력을 내고, 다른 나머지 선은 모두 0의 출력을 낸다.

표 C-2 디코더의 진리표

입 력								출 력		
D_0	D_1	D_2	D_3	D_4	D_5	D_6	D_7	x	y	z
1	0	0	0	0	0	0	0	0	0	0
0	1	0	0	0	0	0	0	0	0	1
0	0	1	0	0	0	0	0	0	1	0
0	0	0	1	0	0	0	0	0	1	0
0	0	0	0	1	0	0	0	1	0	0
0	0	0	0	0	1	0	0	1	0	1
0	0	0	0	0	0	1	0	1	1	0
0	0	0	0	0	0	0	1	1	1	1

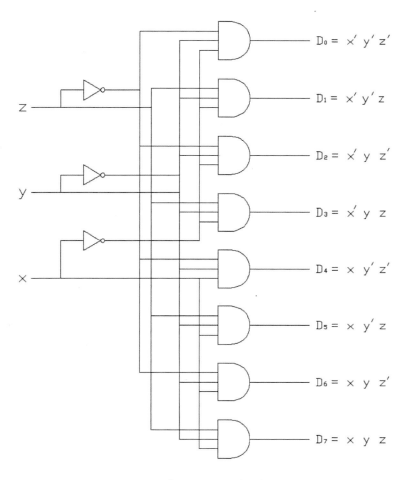

그림 C-3 3×8 디코더

(D) 멀티플렉서, 디멀티플렉서

1) 멀티플렉서(multiplexer)

멀티플렉서(MUX, multiplexer)이란 다량의 정보를 그보다 적은 수의 통신로(channel)에 실어 송신하는 것을 말한다. 4개의 AND게이트와 1개의 OR게이트로 구성된 2개의 선택 선을 가진 4×1 멀티플렉서를 그림 D-1에 표시하였다. 이 그림에서와 같이 선택 선에 인가되는 2진수의 조합에 따라 입력 선에 I_0 ~ I_3의 어느 하나가 선택되어 출력된다. 4×1 멀티플렉서에 대한 기능표를 표 D-2에 표시하였다.

또한 디코더를 사용하여 멀티플렉서로서의 기능을 갖게 한 2×1 멀티플렉서를 그림 D-2에 표시하였다. 여기에서 선택선 S와 인에이블선 E를 사용하여, E = 0일 때 S = 0이면, A의 입력 선들이 선택되고 S = 1이면, B의 입력들이 선택된다. 그러나 E = 1일때 에는 출력은 모두 0이 된다. 2×1 멀티플렉서에 대한 기능표를 표 D-3에 표시하였다.

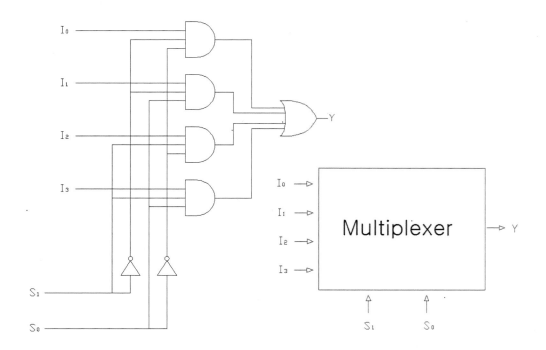

그림 D-1 4×1 멀티플렉서

표 D-2 그림 D-1의 4×1 멀티플렉서에 대한 기능표

S_1	S_0	output Y
0	0	I_0
0	1	I_1
1	0	I_2
1	1	I_3

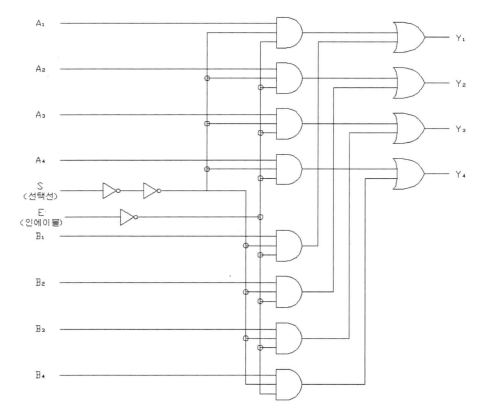

그림 D-2 2×1 멀티플렉서

표 D-3 그림 D-2의 2×1 멀티플렉서에 대한 기능표

E	S	output Y
0	0	select A
0	1	select B

2) 디멀티플렉서(Demultiplexer)

디멀티플렉서(Demultiplexer)란 멀티플렉서(multiplexer)와 반대의 기능을 하는 것을 말한다. 디멀티플렉서를 그림 D-3에 표시하였다. 또한 디멀티플렉서에 대한 진리표를 표 D-3에 표시하였다.

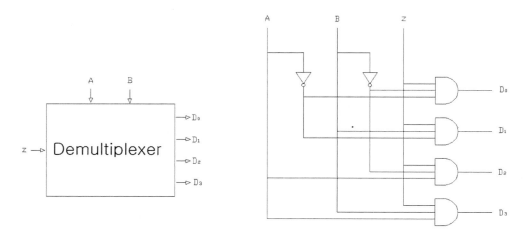

그림 D-3 디멀티플렉서

표 D-3 디멀티플렉서의 진리표

| 입 력 | | 출 력 | | | |
A	B	D_0	D_1	D_2	D_3
0	0	1	0	0	0
0	1	0	1	0	0
1	0	0	0	1	0
1	1	0	0	0	1

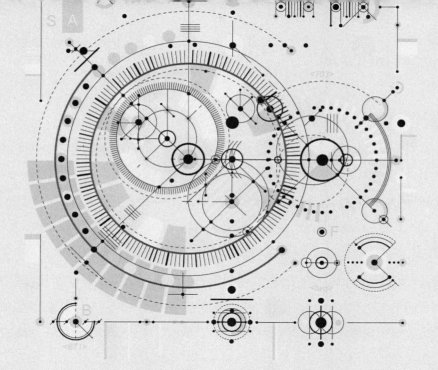

5

파일처리 및 데이터베이스

A) 파일처리 시스템

컴퓨터의 기억장치 내에 저장되어 있는 같은 종류의 레코드(record) 집합을 파일(file)이라고 하며, 일반적으로 한 파일에 나타나 있는 레코드들은 모두 같은 구조를 가지고 있다. 어떤 사물에 대한 성질(characteristics)의 값을 나타내는 논리적 데이터의 최소 단위를 데이터필드(data field), 속성(attribute) 또는 데이터 항목(data item)이라고 한다. 또한 서로 연관된 데이터 필드 또는 데이터 항목들의 집합으로 하나의 사물을 기술하는 것을 레코드(record)라고 한다. 한 파일의 레코드들은 어떤 공통적인 목적을 위해 함께 저장되어 있는 경우가 많다. 블록이란 컴퓨터 시스템 내의 보조기억장치와 주기억장치에서 데이터를 전송 처리하는 단위로서 물리적 레코드라고도 한다. 파일(file) 처리 시스템에서 속성이름과 속성 값으로 구성된 한 쌍을 데이터 요소라고 한다.

예를 들어 사번 = 0071387에서 사번은 속성이름이고 0071387은 속성 값이다. 일반적으로 이런 쌍 하나만으로는 의미 있는 레코드를 만들지 못한다. 어떤 사물을 적절하게 정의하기 위해서는 보통 이런 쌍들이 여러 개 필요하게 되고, 또 이 사물에 관한 사실적 자료를 내포시키려 할 때는 추가적으로 그 관련 속성 쌍을 첨가해야 한다. 데이터 레코드는 몇 개의 속성이름/속성 값 쌍(예, 사번 = 0071387, 성명 = 김기남, 나이 = 36)으로 구성된다. 일반적으로 파일에는 다음과 같이 순차파일과 직접파일이 있다.

1) 순차파일

순차파일에서는 파일 생성 시에 레코드들을 연속적으로 기록하며, 후에 이를 판독할 경우에도 연속적(순차적)으로 데이터를 액세스해야 한다. 순차파일의 예를 표 T-1에 나타내었다.

2) 직접파일

직접 액세스 저장장치(DASD, direct access storage device)의 대표적인 것으로는 자기 디스크가 있다. 여기에 저장되어 있는 데이터 레코드들을 액세스하고자 할 때, 다른 어떤 파일구조보다도 빠르게 레코드를 읽어 낼 수 있는 것이 직접파일(direct file)의 장점이다. 이러한 직접 파일을 시스템에 따라서는 상대파일(relative file)이라고도 부른다.

표 T-1 순차파일

사 번	성 명	출신교	전 공
0071387	장기만	고려대	전자공학
0071589	김남수	경희대	기계공학
0072548	정남수	연세대	토목공학
0047852	이현석	서울대	전자공학

B) 데이터베이스 관리시스템(database management system)

일반적으로 파일처리 시스템에서는 그림 T-1에서와 같이 파일 중심으로 데이터를 처리하기 때문에 각각의 응용 프로그램이 독립적으로 자신의 데이터 파일을 소유하고 이를 관리한다. 이 그림에서 어떤 회사의 인사과에서 이용하는 응용 프로그램 1(인사업무)은 직원의 인사대장을 출력하는 프로그램이다. 또한 경리과에서 사용하는 응용 프로그램 2(경리업무)는 급여대장을 출력하는 프로그램이다. 이때 파일 1.1에서 1.n은 인사업무인 응용 프로그램 1이 필요로 하는 파일들이며. 파일 2.1에서 2.n은 경리업무인 응용 프로그램 2가 필요로 하는 파일들이다.

일반적으로 응용 프로그램에 있어서는 한 응용 프로그램이 필요로 하는 데이터를 또 다른 응용 프로그램이 필요로 하는 경우가 많이 있다(예: 사원의 이름, 주소, 전화번호, 입사년도, 직급 등). 이 프로그램들은 동일한 내용의 데이터를 동일한 양식으로 요구하는 경우도 있고, 또한 동일한 내용의 데이터를 서로 상이한 양식으로 요구하는 경우도 있다. 이와 같이 데이터를 관리하는 파일 시스템에서는 여러 파일에 걸쳐 동일한 데이터가 존재하는 데이터의 중복성(redundancy)이 불가피한 경우가 많다.

데이터베이스 시스템은 이와 같은 문제점을 해결하기 위하여, 어느 특정한 조직들에 의하여 각기 유지/보관되어온 정보를 통합하는 수단으로 등장하였다. 데이터베이스 시스템을 이용하면 데이터에 대한 변경 등 오류발생의 빈도를 현저하게 줄일 수 있을 뿐만 아니라, 오류가 발생하더라도 이를 쉽게 수정할 수 있는 특징이 있다.

이와 같은 데이터베이스 시스템을 이용함으로써 한 사원이 이사를 하면서 과거와 같이 회사 내의 각 부서(인사과, 경리과, 회계과 등)를 돌면서, 주소를 정정하지 않아도 급여처리와 사보의 발송을 통합된 단일 데이터 시스템에서 처리할 수 있는 장점을 갖게 된다. 대단위 조직체에서는 데이터베이스 시스템을 전문적으로 관리하는 데이터베이스 관리자(DBA, database administrator) 라는 직책을 둔다.

전술한 바와 같이 데이터베이스란 한 조직체의 다양한 응용 시스템에서 공용할 수 있도록 통합적으로 저장한 데이터를 말하며, 데이터를 통합함으로써 쉽게 데이터의 중복, 오류 등을 피할 수 있다. 또한 데이터베이스는 한 조직체의 여러 부서가 공통적으로 활용할 수 있게끔 데이터를 통합해서 저장하는 것이기 때문에 데이터베이스를 사용하는 사용자는 다수가 되며, 사용 목적 또한 조직체에 따라 매우 다양하다.

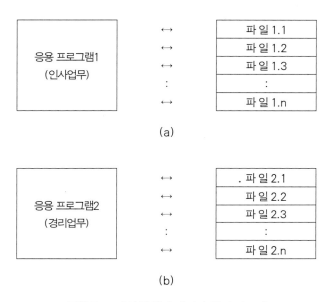

그림 T-1 파일 중심의 데이터 처리 시스템

이와 같이 데이터베이스의 다수의 사용자 및 사용 목적을 위한 데이터를 제공해 주기 위해서는 여러 가지 레코드 형태로 표현된다. 일반적으로 데이터베이스 관리시스템에서 다루는 온라인 데이터베이스(on-line database)란 PC통신, 무선통신 등과 같은 통신망을 통하여 접속 및 검색이 가능한 데이터베이스를 말하며, 오프라인 데이터베이스(off-line database)란 디스켓, CD ROM, 하드디스크 등과 같은 기록 매체에 저장해 놓고 검색하는 데이터베이스를 말한다.

데이터베이스의 논리적 구성요소는 다음과 같이 1)속성(attribute) 2)엔티티(entity) 3)관계(relationship)로서 구성된다.

1) 속성(attribute)

속성이란 예를 들면 한 사원의 이름, 학번, 주소, 전화번호, 주민번호, 여권번호 등과 같이 그 단독으로는 중요한 의미를 갖지 않는 데이터의 가장 작은 논리적 단위로서의 이름을 말한다. 일반적으로 파일 시스템에서는 데이터 항목(item) 또는 필드(field)라고 한다.

2) 엔티티(entity)

엔티티는 데이터베이스에서 표현하려고 하는 정보의 객체(object)로서 서로 관련된 몇 개의 속성들로 구성된다. 엔티티는 그 자체가 단독으로 존재할 수 있으며 정보로서의 역할을 할 수 있는 최소 단위이다. 엔티티라고 할 때는 사람이 생각하는 개념적인, 또는 정보의 세계에서의 정보단위로서의 의미를 가지고 있다. 즉, 한 엔티티를 구성하고 있는 각 속성들은 이 엔티티의 특성이나 상태를 기술하는 것이다.

예를 들면, 사원이라는 엔티티는 사번, 이름, 근무부서, 입사년월일, 전문분야, 해외근무경력, 차량번호 등과 같은 속성들로 구성되며, 학생이라는 엔티티는 학번, 이름, 학과, 복수전공 등과 같은 속성들로 구성된다.

3) 관계(relationship)

데이터베이스 내의 데이터와 데이터 간에는 여러 가지의 관계(relationship)로서 구성되어 있다. 이 관계는 보통 무형적인 성질을 가지고 있다. 데이터베이스 내의 데이터와 데이터 간의 관계는 하나의 엔티티를 기술하고 있는 속성들 간의 1)속성 관계(attribute relationship)와 2)서로 상이한 엔티티 간의 엔티티 관계(entity relationship)로 나누어 볼 수 있다. 학생이라는 엔티티는 학번, 이름, 학년, 학과라는 속성들의 상호관계인 속성 관계로 나타낼 수 있다. 또한 학생이라는 엔티티와 교수라는 엔티티 간의 관계는 「지도교수관계」라는 엔티티 관계로 나타낼 수 있다.

예를 들어 학번이 7961495인 학생의 이름은 무엇이냐 하는 정보는 속성 관계에서 추출해 낼 수 있다. 또한 어느 학생이 어느 교수의 지도를 받고 있느냐 하는 정보는 「지도교수관계」라는 엔티티 관계를 이용하여 기초로 추출해 낼 수 있다.

데이터베이스 관리시스템에는 데이터 모델의 형태에 따라 1)관계 데이터베이스 관리시스템(relational data management system), 2)계층 데이터베이스 관리시스템(hierarchical database management system), 3)네트워크 데이터베이스 관리시스템(network database management system)이 있으며, 이들 각각에 대하여 구체적으로 알아 보기로 한다.

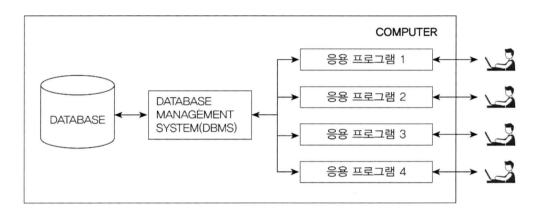

그림 T-2 데이터베이스 관리 시스템(DBMS)의 개념

B-1) 관계 데이터베이스 관리시스템

관계 데이터베이스 관리시스템(relational data management system)이란 데이터베이스 내부의 데이터 상호 간의 관계(relation)를 테이블 형태로 구성한 것을 말한다. 관계 데이터베이스 관리시스템에서 데이터 상호 간의 관계를 수학적으로 표현하면, 그림 T-3과 같이 하나 이상의 도메인에 대한 카테시안 곱(cartesian product)의 부분집합으로 표시된다.

$$A \times B = \{(a_1, b_1), (a_1, b_2), (a_1, b_3), (a_2, b_1), (a_2, b_2), (a_2, b_3)\}$$

그림 T-3 관계 데이터베이스에서의 카티시안 곱

관계 데이터베이스 관리시스템에서 각 테이블의 이름은 릴레이션(relation) 이름, 각 열(column)의 이름은 속성(attribute)으로서 도메인의 관계에서 수행하는 역할을 나타낸다. 또한 각 행(row), $<d_{j2}, d_{j2}, \cdots d_{jn}>$는 투플(tuple)이라고 하며, 이것은 실제 하나의 엔티티, 즉 하나의 레코드를 나타낸다. 대학교의 교무업무에 사용되는 관계 데이터베이스 관리시스템의 예를 그림 T-4에 표시하였다.

교과목

교과목 번호	담당 교수명	과목명	학점
S2345	Kim, In Suck	Mechanical Design	3
S4564	Kim, Kang Su	Electrical Circuit	3
S2478	Lee, Tea Sup	System Engineering	3
S6789	Oh, Jong Be	Mechanics	3
S3457	Kim, Ki Chang	Vibration	3
S1346	Ryu, Ki Soo	Composit Material	3

학생

학번	이름	학년	학과
7961495	Lee Su Jin	2	Mechanical Engineering
7945367	Kim Hee Su	4	Mechanical Engineering
7913456	Ko Su Yeon	4	Electrical Engineering
7925678	Kim In Young	3	Industrial Engineering
7945879	Na Yoo Rim	3	Electrical Engineering
7912864	Jang Se Hoon	2	Mechanical Engineering

수강상황

학번	교과목 번호
7961495	S2345
7945367	S4564
7913456	S2478
7925678	S6789
7945879	S3457
7912864	S1346

그림 T-4 관계 데이터베이스 관리시스템의 예

B-2) 계층 데이터베이스 관리시스템

계층 데이터베이스 관리시스템(hierarchical database management system)이란 데이터베이스 내부의 논리적 구조가 트리(tree) 형태인 것을 말한다. 이때 트리 형태의 데이터 구조는 계층정의트리(hierarchical definition tree)로서 표시할 수 있다. 계층 데이터베이스는 몇 개의 데이터베이스 트리의 집합으로 표시할 수 있으며, 하나의 루트 어커런스와 이에 따른 종속 레코드 어커런스들을 합해서 데이터베이스 트리(database tree)라고 한다.

계층 데이터베이스 관리시스템의 예를 그림 T-5에 표시하였다. 이 그림에서 레벨 0(Level 0)에 있는 하나의 레코드 형태를 루트 레코드 형태(root record type)라 하고, 그 하위 레벨에 있는 레코드 형태들은 종속 레코드 형태라 한다. 계층정의트리는 하나의 루트 레코드 형태와 종속 레코드 형태들로 구성되며, 링크로 연결된 두 레코드 형태 간의 관계를 부모/자식 관계(parent-child relationship)라고 한다.

또한 계층정의트리는 하나의 데이터베이스에서 허용될 수 있는 레코드 형태와 링크를 표시하고 있다. 이 링크는 레코드와 레코드 간에 존재할 수 있는 엔티티 관계로서 1:n의 관계를 표현하고 있다.

계층 데이터베이스 관리시스템에서는 하위에 있는 레코드로부터 상위에 연관된 레코드를 액세스하기 위해서는 링크를 따라 올라가야 하며, 이 루트 레코드로부터 단말 레코드까지의 경로를 계층경로(hierarchial path)라 한다. 이때 어느 한 레코드로부터 루트 레코드에로의 경로는 단 하나만 존재한다. 대학교의 교무업무에 사용되는 계층 데이터베이스 관리시스템의 예를 그림 T-6에 표시하였다.

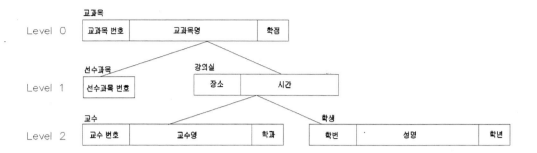

그림 T-5 계층정리트리

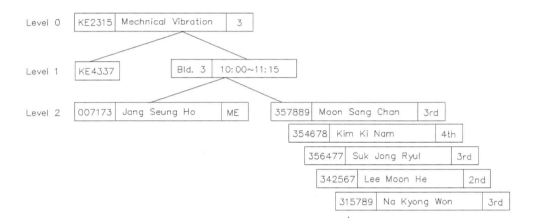

그림 T-6 계층 데이터베이스 관리시스템의 예

B-3) 네트워크 데이터베이스 관리시스템

전술한 트리를 일반화시키면 네트워크(network)가 된다. 네트워크 데이터베이스 관리시스템(network database management system)이란 DBMS가 지원하는 데이터 모델이 네트워크 데이터 모델(network data model)인 시스템을 말한다. 대학교의 학생활동 중 특활로서 CAD 서클에 대한 네트워크 데이터베이스 관리시스템의 예를 그림 T-7에 표시하였다.

일반적으로 네트워크 모델에서는 하나의 관계성은 다음과 같은 형태로 나타낸다.

ⓐ 오너 레코드 형태(owner record type)

ⓑ 멤버 레코드 형태(member record type)

ⓒ 세트 형태(set type)

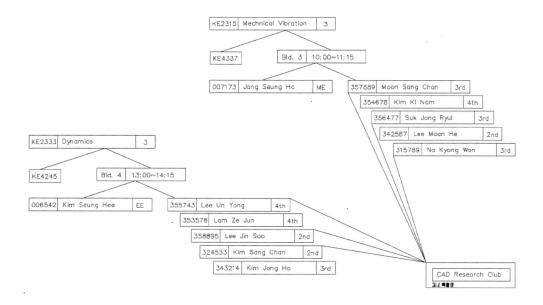

그림 T-7 네트워크 데이터베이스 관리시스템의 예

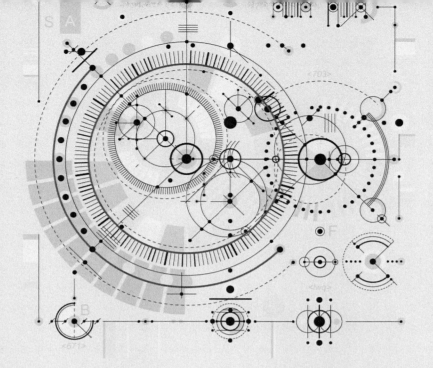

연구사례

연구사례 1

An Intelligent CAD System for Research and Development of A New Product

Seung Ho Jang

College of Engineering, Kyung Hee University, Korea

ABSTRACT

The purpose of this study is to establish a CAD (Computer Aided Design) system for research and development(R&D) of a new product. In the R&D process of a new product, the design objects are frequently redesigned on the basis of experimental results obtained on prototypes. The CAD/CAE systems (which is based on computer simulations of physical phenomena) are effective in reducing the number of useless prototypes of a new product. These kinds of conventional CAD/CAE systems do not provide a function to reflect the experimental results to the redesign process, however. This paper proposes a methodology to establish the CAD system, which possesses the engineering model of a design object in the model database, and refines the model on the basis of experimental results of prototype. The blackboard inference model has been applied to infer the model refinement and the redesign counterplan by using insufficient knowledge of R&D process of new products.

1. Introduction

The purpose of this study is to establish a CAD (Computer Aided Design) system for research and development(R&D) of a new product. In the R&D process of a new product, the design objects are frequently redesigned on the basis of experimental results obtained on prototypes. The CAD/CAE system (which is based on computer simulations of physical phenomena) is effective to reduce the number of useless prototypes of a new product(Brown, 1985, Brown, et al., 1986).

These kinds of conventional CAD/CAE systems do not provide a function to reflect the experimental results to the redesign process rationally, however. That is, the usual CAD/CAE systems are not equipped with the function to infer the reason why the prototype does not satisfy the specifications in the experiments, even though the design result satisfies the specifications in the computer simulation. And these systems do not provide the function to infer the suggestions for redesign counterplans to improve the prototype so far.

Moreover, in these conventional CAD/CAE systems, the mathematical (engineering) model for simulating the design object has been treated as a perfect model which reflects the physical phenomena exactly, and treated as a fixed one. But it is not always easy to prepare the mathematical model that exactly reflects the physical behavior of the design object in the R&D process of new products, .

Therefore, the mathematical model which simulated the design object, should be improved gradually according to the experimental results of the failed prototype in R&D of new products. This paper proposes a methodology to establish the CAD system, which possesses the engineering model of a design object in the model database, and refines the model on the basis of experimental results of prototype.

The blackboard inference model has been applied to infer the model refinement and the redesign counterplan by using insufficient knowledge of R&D process of new products. The CAD system for R&D process have been implemented in personal computer. And the validity of the proposed methodology has been verified by developing a control circuit reduced type active magnetic bearing by using CAD system for R&D process.

2. Categorization of R&D process and configuration of the CAD system for assisting R&D process

In this study, the R&D process has been categorized and defined as three processes(Table 1). Process A, B, and C in Table 1 are the engineering model generation and design evaluation process, the verification process for designed machine by prototyping and experiments, and the model refinement and redesign process, respectively. Figure 1 is the flow chart of these processes. We propose the CAD system as seen in Fig.2. And the assisting method of the CAD system to the R&D process is depicted in Fig.1 by curved lines. In this study, we define trouble as the situation in which the prototype of process B does not satisfy the design specifications.

In general, the design problems in R&D process can be categorized into two parts. One is the part to which we can apply the engineering analysis method. The other is the part to which the engineering analysis method is no longer applicable and, thus, we have to depend on the heuristic knowledge. In this system, the former has been realized as the analysis part(AP), and the latter has been realized as the consulting part(CP) of the CAD system for R&D. The main characteristic of data processing of the CP and AP as the component of CAD system for R&D process are described in Table 2.

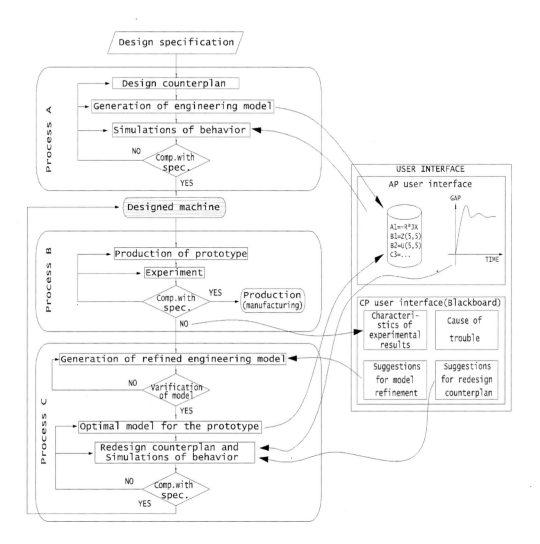

Fig. 1 R&D process and interface of CAD system for assisting R&D process

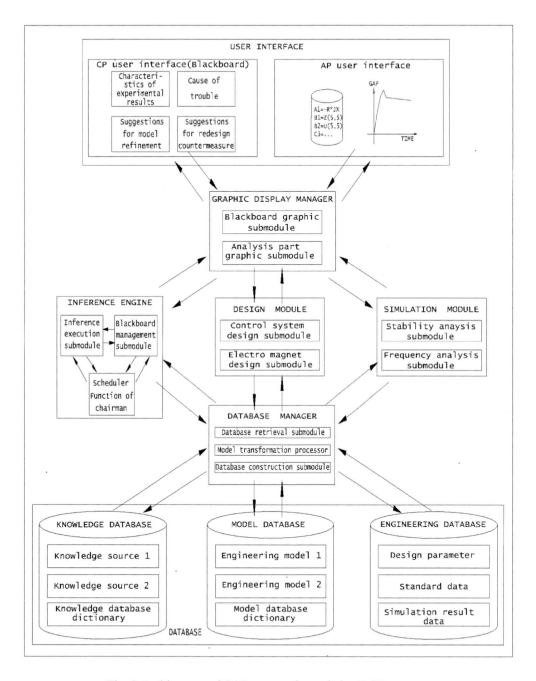

Fig. 2 Architecture of CAD system for assisting R&D process

Table 1 Categorization of R&D process

Process A	Engineering model generation and design evaluation process: This process first suggests a design counterplan based on the design specifications and second, evaluates this counterplan by simulating the model.
Process B	Verification process for designed machine by building prototype and conducting experiments: This is the process to judge if the design counterplan obtained from process A satisfies the specifications.
Process C	Model refinement and redesign process: This is the process that refines the engineering model on the basis of the analysis of experimental results obtained from process B, and redesigns the design object.

3. Required Functions in the CAD system for R&D process

The CAD system for assisting the R&D process must include the following functions:

a) To be able to infer 1)the cause of trouble and 2)the redesign counterplan using insufficient knowledge obtained from the R&D activities.

b) To be able to easily modify, add and delete knowledge in knowledge database. That is, the modularity of the knowledge database must be high.

c) To possess the engineering model of a design object in a model database which can evaluate the design counterplan. This evaluation includes the dynamic characteristic evaluation and control characteristic evaluation of the design objects.

Table 2 Configuration of CAD system for R&D process

Consulting Part(CP)	1. Ill-structured problem 2. Symbolic processing 3. Heuristic 4. Knowledge base(without model) 5. Knowledge engineering approach
Analysis Part(AP)	1. Well-structured problem 2. Numerical processing 3. Theoretical(Mathematical) 4. Model base(with model) 5. Engineering analysis approach

d) To be able to refine the engineering model based on the experimental result of the prototype of a new product.

4. Blackboard inference model and conformity of this model in the consulting part(CP) of CAD system for R&D process

In this study, the blackboard inference model(Erman, et al., 1980, Silverman, et al., 1989) has been applied to process the heuristic knowledge of R&D process. The blackboard inference model uses a common data domain(this domain is called blackboard) and the multiple knowledge sources in the knowledge database to solve given problems by communicating with each other. The blackboard inference model conforms to the CAD system for R&D process in the following ways.

a) In R&D process, the knowledge available to clarify the cause of trouble and to infer the redesign counterplan is insufficient. However, this problem can be solved using the cooperation and competition among the multiple knowledge sources in this model.

b) This model can offer knowledge processing ability for R&D process which originally has the cooperative characteristics.

c) Different kinds of knowledge representations and knowledge processing are available in each module.

d) The knowledge in the knowledge source can be easily modified, added, and deleted, since the modularity of this model is very high(In R&D process, the addition, deletion and modification of knowledge are frequently occurred).

5. Architecture of the CAD system for R&D process

In this study, the CAD system for R&D process is composed of the following seven modules(see Fig.2).

(A) User interface(Blackboard and AP user interface)

This module is the interface of communication between the product developer and the CAD system. The product developer communicates with consulting part(CP) of the CAD system by using the blackboard(see Fig.1). The blackboard(CP user interface) is the common data domain which remembers the hypotheses and the solutions. In this system, the blackboard is composed of the following four domains(see Fig.2).

1) Characteristics of experimental results: The characteristics of experimental results are input in this domain by the product developer(see Fig. 6 as an example).

2) Cause of trouble

3) Suggestions for model refinement

4) Suggestions for redesign counterplan

2), 3) and 4) is the common data domain in which the results of inference by the knowledge sources are written(see Fig. 6 as an example).

And the product developer communicates with analysis part(AP) of the CAD system by using the AP user interface(see Fig.2).

(B) Inference engine

The inference engine is composed of the following three submodules.

1) Blackboard management submodule

   a) Initializing blackboard

   b) Monitoring blackboard

2) Inference execution submodule

   a) Executing the inference according to each knowledge source.

3) Scheduler

   a) Function of chairman

   b) Function to fire the knowledge sources under the condition of blackboard

(C) Database manager

The database manager is composed of the following three submodules.

1) Database retrieval submodule

   a) Retrieval of engineering model in model database

   b) Retrieval of engineering data in engineering database

   c) Retrieval of knowledge in knowledge database

   d) Retrieval of dictionary of knowledge, model, and engineering database

2) Database construction submodule

   a) Assist for addition, deletion, and modification of knowledge, engineering data, and engineering model

   b) Generation of knowledge database dictionary

3) Model transformation processor

(D) Design module

This module designs the control system and the electro magnet based on the modern control theory using the model database and the engineering database.

(E) Simulation module

This module evaluates the design counterplans. The frequency response and the time response of control system are simulated by using numeric analysis packages. The results are stored in the engineering database.

(F) Graphic display manager

This module has the following two functions.

1) Blackboard graphic submodule

Graphic display of the inference results(that is, the cause of trouble, the suggestions for model refinement and the suggestions for redesign counterplan)

2) Analysis part graphic submodule

Graphic display of the design objects

Graphic display of the simulation results

(G) Database

1) Engineering database

The engineering database contains the following three types of the data.

a) Simulation result data: time response data, frequency response data, stability analysis data of control system.

b) Design parameters: mass of rotor, rotary inertia, feedback coefficients, steady state current of the electro magnet, and so forth.

c) Standard data: standard data of enameled coil which is used in electro magnet design(these samples are from the example of R&D process in section 6).

2) Knowledge database

The knowledge database is composed of the following six knowledge sources and the knowledge database dictionary.

a) Knowledge sources(KS)

KS1: Knowledge source for trouble cause of mechanical engineers

KS2: Knowledge source for trouble cause of electrical engineers

KS3: Knowledge source for model refinement of mechanical engineers

KS4: Knowledge source for model refinement of electrical engineers

KS5: Knowledge source for redesign counterplan of mechanical engineers

KS6: Knowledge source for redesign counterplan of electrical engineers

b) Knowledge database dictionary

Reserving the management information of knowledge database

3) Model database

The model database contains the following two types of engineering model and the model database dictionary.

a) Engineering model

- Initial engineering model, which is generated by the initial design counterplan.

- Refined engineering model, which is refined by the experimental result of the prototype of a new product.

b) Model database dictionary

Reserving the management information of knowledge database

In this study, the CAD system for R&D process(R&D_CAD ver.1) has been implemented in the computer system. PC(PIII, 800MHz) is used as hardware, and as software FORTRAN and Common Lisp are used for AP and CP respectively.

6. R&D process of control circuit reduced type active magnetic bearing using R&D_CAD ver.1

The R&D process of an active magnetic bearing in which the number of control circuits is reduced when compared with conventional active magnetic bearing(AMB), and bears 80 000 rpm with stable rotation, will be explained in this section. This AMB will be used as the bearing of the turbo-molecular vacuum pump(TVP).

6.1 Process A

(1) Design counterplan

(a) The control method of the AMB(5 axes control) is changed from the voltage control type to the current control type(in this case, the number of circuits can be reduced to 1/4)(Matsumura, et al., 1983).

(b) Cross circuits which are needed in the conventional AMB are removed(where the cross circuit is the control circuit in which the signal of GAP-1 in Fig.3 provides feedback to GAP-2 and GAP-3).

(c) An integral type optimal regulator is adopted in the control system to bear 80 000rpm.

With design counterplan a), b) and c), the 68-control circuit of the conventional AMB will be reduced to 15 circuits.

(2) Generation of initial engineering model

The engineering model describing the rotor motion represented in matrix form, has been stored in the model database(see Fig.3 and Table 3). The engineering model which represents the behavior of the electromagnet and state equation of the current control type AMB, have also been stored in the model database.

(3) Determination and evaluation of the design parameters

The feedback coefficients of the controller of AMB are determined and stored in engineering database. Figure 3 shows the control characteristics of the initially designed AMB(simulation result by AP). This simulation result shows the control characteristics(Lissajous' figure) when the center of rotor is moved from the center of stator by a disturbance force. The rotational speed of rotor in this simulation is 80 000rpm and the control characteristics is very good as you see.

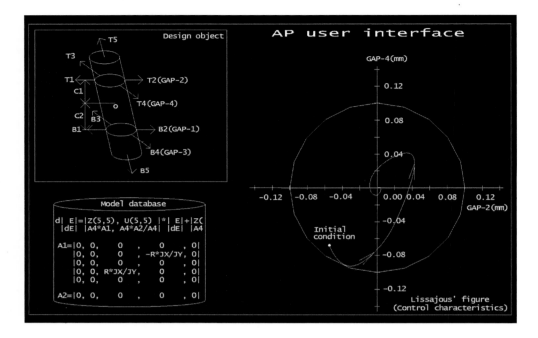

Fig. 3 Result of design of AMB in process A

6.2 Process B

Figure 4 shows the block diagram of experimental apparatus of AMB assembled in TVP. Figure 5 shows the experimental results. Up to 60 000rpm, the rotation of rotor supported by the AMB was very stable. However, the amplitude of vibration increased suddenly at 65 200 rpm, and the rotor touched the dry bearing. The vibrational frequency was 11 Hz at that time.

6.3 Process C

The experimental results obtained in process B, have been transferred to the domain of characteristics of experimental results in the CP user interface(blackboard). Figure 6 show the inference results of the CP (see the domain of cause of trouble, suggestions for model refinement, and suggestions for redesign counterplan).

Table 3 Nomenclature for engineering database

B1,..,B5,T1,..,T5	electro magnetic forces(N)
C1, C2	lengths from center to electro magnets(m)
d	time derivative (d/dt)
JX, JY	moment of inertia about X and Y axis (kg/m^2)
R	rotational speed of rotor(rad/sec)
U(m, m)	unit matrix of m by m
X, Y, Z	Cartesian coordinates
Z(m, m)	zero matrix of m by m
		matrix expression

Figure 6 shows that the chairman(the scheduler in inference engine(Fig.2) has the chairman's functions) has summarized the cause of trouble as self-excited vibration caused by the gyroeffect with the possibility of 88.75% [=75+(100-75)*(55/100)],

a) for the opinion of mechanical engineer by whom the cause of trouble is assumed to be self-excited vibration with the possibility of 75%(This knowledge is fired from the knowledge source for trouble cause of mechanical engineers(KS1)), and

b) for the opinion of the electrical engineer by whom the cause of trouble is assumed to be self-excited vibration with the possibility of 55%(This knowledge is fired from the knowledge source for trouble cause of electrical engineers(KS2).

This means that the unknown part 25(=100-75)% from the mechanical engineer's viewpoint has been supported by electrical engineer's viewpoint [13.75%(=25*(55/100)]

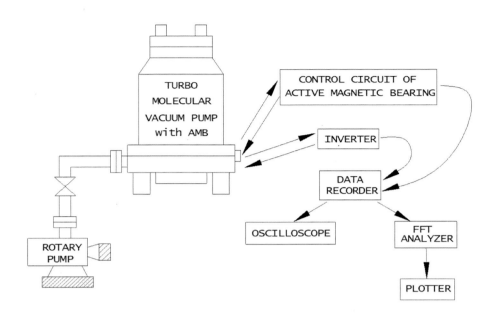

Fig. 4 Experimental apparatus of AMB

Further, the opinion a) is inferred by firing the following knowledge in the knowledge source for trouble cause of mechanical engineers(KS1).

IF Predominant_Frequency_of_Rotor_Vib.

(Lower_Multiples_of_Rotational_Freq.)

& Phase_Transition_of_Rotor_Vib.

(Unchanges)

& Location_of_Vib.

(Shaft)

& Amplitude_Response[1]_of_Rotor_Vib.

(Increase_Suddenly)

& Direction_of_Shaft_Vib.

(Radial)

THEN Self_Excited_Vibration_by_Gyroeffect (75%)

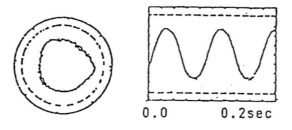

(a) Immediately before touch-down

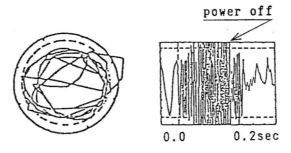

(b) Immediately after touch-down

Fig. 5 Experimental result of AMB designed in process A

(rotational speed=65 200rpm)

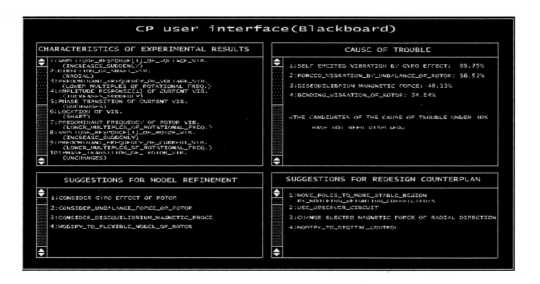

Fig. 6 Inference result by CP

And the opinion b) is inferred by firing the following knowledge in the knowledge source for trouble cause of electrical engineers(KS2).

IF Amplitude_Response[1]_of_Current_Vib.

(Increases_Suddenly)

& Predominant_Frequency_of_Current_Vib.

(Lower_Multiples_of_Rotational_Freq.)

& Phase_Transition_of_Current_Vib.

(Unchanges)

& Amplitude_Response[1]_of_Voltage_Vib.

(Increase_Suddenly)

& Predominant_Frequency_of_Voltage_Vib.

(Lower_Multiples_of_Rotational_freq.)

THEN Self_Excited_Vibration_by_Gyroeffect (55%)

The ability to clarify the cause of trouble is improved by the cooperation and competition among the knowledge sources, even though each knowledge source has only it's own viewpoint and thus has insufficient knowledge about the physical phenomena of the gyroeffect of the AMB.

The redesign counterplans in Fig.6 have been obtained by cooperative work among the knowledge sources to infer the cause of trouble(e.g., KS1, KS2) and knowledge sources to infer the redesign counterplan(e.g., KS5, KS6).

(1) Generation of refined engineering model

The initial engineering model should be modified based on the inference result of the CP. That is, the engineering model in which the gyroeffect is considered has been generated by the developer, and the results have been stored in the model database. Model database in Fig.7 shows the refined part of the engineering model(compare with the model database in Fig.3)

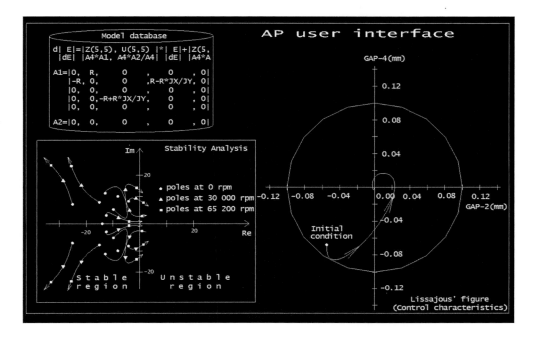

Fig. 7 Stability analysis and result of redesign of AMB according to the suggestion by CP

(2) Verification of model

a) Result of time response analysis

Figure 8 shows the simulation result of time response analysis by refined engineering model. The vibrational frequency of Fig.8 is 11 Hz and this frequency is the same as the experimental result(see Fig.5(b)).

b) Result of stability analysis of control system

Some of the poles of the control system of AMB designed in process A(initial design) move to the unstable region at 65 200 rpm(see the stability analysis in Fig.7). In this study, the rotational speed at which poles move to the unstable region is called the limit speed of the AMB. We found that the limit speed of the AMB is reduced by the gyroeffect.

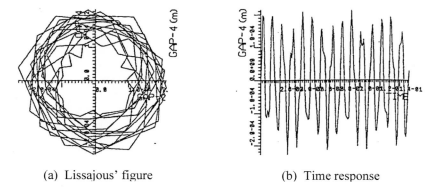

(a) Lissajous' figure   (b) Time response

Fig. 8 Simulation result by refined engineering model

(rotational speed=65 200rpm)

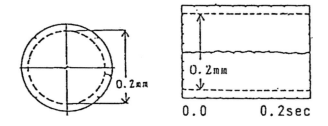

Fig. 9 Experimental result of AMB redesigned in process C

(rotational speed=80 000rpm)

(3) Redesign counterplan

The initial positions of poles of the AMB are designed to be in the more stable region by changing the weighting coefficients based on the inference result of the CP. Figure 7(Lissajous' figure) shows the simulation result of the redesigned AMB at 80 000 rpm. Figure 9 shows the experimental result for the redesigned prototype. There is no whirling motion even at 80 000 rpm.

Consequently, by using the R&D_CAD system, we succeeded in developing an AMB for TVP which satisfies the initial design specifications.

7. Results

The CAD system for assisting R&D process of new products, has been proposed. And the following results are obtained in this research.

(1) As the constituents of the CAD system for R&D process(R&D_CAD ver.1), a)the consulting part(CP) to consult the cause of trouble and redesign counterplan and b)the analysis part(AP) to analyze the design object, have been proposed.

(2) The blackboard inference model has been utilized to the CP system to obtain a)the cause of trouble, b)suggestions for redesign counterplan and model refinement by processing the insufficient knowledge of R&D process.

(3) The model database has been proposed to the AP system to save the engineering model and to make this model gradually more precise based on the experimental results obtained on prototypes.

(4) The R&D_CAD ver.1 have been implemented in the computer system. And the validity of the proposed R&D_CAD system has been verified by developing a control circuit reduced type active magnetic bearing.

References

Brown, D. C., 1985, "Failure Handling in a Design Expert System," *Computer-Aided Design*, Vol. 17, No. 9, pp. 436-443.

Brown, D. C. and Chandrasekaran B., 1986, "Knowledge and Control for a Mechanical Design Expert System," *IEEE Computer*, Vol. 19, No. 7, pp. 92-101.

Erman, L. D., Hayes-Roth F., Lesser, V. R. and Reddy D. R., 1980, "The Hearsay-2 Speech-Understanding System: Integrating Knowledge to Resolve

Uncertainty," *Computing Surveys,* Vol. 12, No. 12, pp. 213-221.

Matsumura, H. O., Kido, K., Tanaka, Y. M. and Takeda, T. H., 1983, "Relations between the Design Method for Active Magnetic Bearing and the Obtained Experimental Characteristics," *The Transaction of Institute of the Electrical Engineering of Japan(in Japanese)*, Vol. 103, No. 6, C, pp. 145-152.

Silverman, B. G. and Chang, J. S., 1989, "Blackboard System Generator(BSG): An Alternative Distributed Problem-Solving Paradigm," *IEEE Transactions on Systems, Man and Cybernetics*, Vol. 19, No. 2, pp. 334-341.

Ha, T. W. and Lee, A. S., 2000, "A Rotordynamic Analysis of Circumferentially-Grooved Pump Seals Based on a Three-Control-Volume Theory," *KSME I. Journal,* Vol. 14, No. 3, pp. 261-271.

Youn I., 2000, "Optimal Design of Discrete Time Preview Controllers for Semi-Active and Active Suspension Systems," *KSME I. Journal,* Vol. 14, No. 8, pp. 807-815.

연구사례 2

An Application of Annealing Algorithm to the Layout Design of Ocean Space Submergible Boat

Seung Ho Jang

College of Engineering, Kyung Hee University, Korea

ABSTRACT

In the design and usability of many engineering products, the layout design of component plays an important role. Recently, engineering artifacts are becoming increasingly complicated. The simulated annealing method has been applied effectively to the layout and packing problems of wafer. The main characteristics of simulated annealing method is that an optimum can be obtained from the many local optimums by controlling the temperature and introducing the statistic flickering. The objective of this study is to suggest a method to apply the simulated annealing method to the three dimensional layout design of submergible boat which has multiple constraint conditions and evaluation criteria. The results of this study revealed that; 1) As the constraint conditions for three dimensional layout design, the relational constraint condition and the layout constraint condition were defined. 2) The total evaluation criteria and the individual evaluation criteria were included in cost function. 3) A method to generate and to change the layout state for three dimensional layout design was suggested. 4) three dimensional LAYout Design Optimization Program (LAYDOP ver.1) for an ocean space submergible boat was developed by the suggested method and verified that the suggested method had validity.

1. Introduction

In the design and usability of many engineering products, the layout design of component plays an important role. Recently, engineering artifacts are becoming increasingly complicated. The simulated annealing method has been applied effectively to the layout and packing problems of wafer[1]. In the electrical engineering field, there exist a lot of commercial tools and papers that place hundreds to millions of components in a small domain. Here, components are limited to two dimensional shapes[2-4].

For the three dimensional component layout problem, a variety of non-linear programming techniques have been applied. Three dimensional component layout and packing problems have also been studied by using genetic algorithms[5]. However, most of these approaches place restrictions on problem complexity and component orientations.

The simulated annealing method does not share these weak points in the restrictions. J. Cagan developed a method to extend the simulated annealing method from two dimensions to three[6]. T. Kämpke reports a solution to a bin packing test problem using this technology with results superior to previous studies[7]. The simulated annealing method has also been used on other types of three dimensional layout design problems, such as facilities layout[8].

W. Hills and N. Smith presented work in spatial engineering for made-to-order products such as offshore oil rigs[9]. Their efforts also used the simulated annealing method to produce initial layout configurations for later manipulation by intervention of a layout expert to get the final layout result. J. Cagan, D. Degentesh and S. Yin reported a simulated annealing-based algorithm using hierarchical models[10]. However, this study does not provide any definite evaluation criteria or any guide-line to categorize the various constraint conditions in three dimensional layout problems[11-17].

The objective of this study is to suggest a method to apply the simulated annealing method to the three dimensional layout design of a submergible boat which has multiple constraint conditions and evaluation criteria. In this paper we describe an approach to defining cost function, constraint condition and generating layout state on computer. Also, our work introduces the result of computer simulation by the suggested method.

2. Layout design problem of ocean space submergible boat

The ocean space submergible boat (OSSB) is for seeking suboceanic resources and for undersea mapping. The components of the OSSB and the requirements of layout design are as follows.

2.1 Components of the OSSB

Table 1 is the list of components of the OSSB. The specification for each component is as follows.

a) Main body of the OSSB:

A shell made of fiber-reinforced plastic

b) Central Processing Unit:

A unit for the computation of the posture, the stability and the position of the OSSB.

c) Communication apparatus:

Ocean retrieval beacon and supersonic emergency communication apparatus

d) Driver:

Control system of actuators

e) Inverter:

Frequency transformer for AC motor

f) Controller:

Control system of thrusters

g) Power source:

Power of CPU, sensors, drivers, inverters, controllers, etc.

Table 1. List of components for the OSSB

No. of Component	Name of Component	Dimension (mm)		Weight (Kg)	Buoyant Force (Kg)	Weight in Water (Kg)
		Diameter	Height			
C1	Central Processing Unit	285	362	20.86	-23.85	-2.99
C2	inverter(right)	150	408	8.21	-7.46	0.75
C3	inverter(left)	150	408	8.21	-7.46	0.75
C4	power source1, 2	170	522	24.99	-12.31	12.68
C5	power source3	130	231	6.62	-3.40	3.22
C6	inertial navigator(sensor)	175	342	7.65	-8.54	-0.89
C7	inertial navigator(power source)	130	176	2.75	-2.08	0.67
C8	azimuth sensor	65	94	0.88	-0.30	0.58
C9	distance measuring sensor(0°)	135	180	3.23	-2.73	0.50
C10	distance measuring sensor(-30°)	170	140	4.37	-3.34	1.03
C11	distance measuring sensor(-60°)	60	60	0.50	-0.17	0.33
C12	distance measuring sensor(-90°)	60	60	0.50	-0.17	0.33
C13	AMP of distance measuring sensor	60	60	0.50	-0.17	0.33
C14	receiver of distance measuring sensor	60	60	0.50	-0.17	0.33
C15	thruster(right)	145	396	9.80	-3.00	6.80
C16	thruster(left)	145	369	9.80	-3.00	6.80
C17	compensator	88	379	3.00	-1.44	1.56
C18	horizontal rudder actuator(right)	105	340	2.80	-0.87	1.93
C19	horizontal rudder actuator(left)	105	340	2.80	-0.87	1.93
C20	vertical rudder actuator	105	340	3.00	-0.87	2.13
C21	ballast1	125	135	6.50	-1.70	4.80
C22	ballast2	125	135	6.50	-1.70	4.80
C23	deballaster1	102	100	3.00	-0.84	2.16
C24	deballaster2	102	100	3.00	-0.84	2.16
C25	camera	77	196	1.05	-0.94	0.11
C26	Strobo	92	116	0.05	-0.79	-0.29
C27	beacon	45	460	1.60	-0.65	0.95
C28	transporter	74	300	1.40	-0.38	1.02
C29	pinger	68	260	1.50	-1.00	0.50
C30	emergency air bombe(right)	105	340	2.80	-0.87	1.93
C31	emergency air bombe(left)	105	340	2.80	-0.87	1.93
C32	telecommunication apparatus	65	94	0.88	-0.30	0.58
C33	rear tank	105	340	2.80	-0.87	1093
C34	PH meter	65	94	0.88	-0.30	0.58
C35	water temperature sensor	65	94	0.88	-0.30	0.58
C36	water current meter	88	379	3.00	-1.44	1.56
C37	antenna ascent and descent equipment	60	60	0.50	-0.17	0.33
C38	supersonic sensor(front)	60	60	0.50	-0.17	0.33
C39	supersonic sensor(rear)	65	94	0.88	-0.88	0.58
C40	paint emitter(for emergency)	77	196	1.05	-0.94	0.11

2.2 Requirements of layout design of the OSSB

The requirements of layout design of the OSSB are as follows.

a) Gravitational center:

The gravitational center of the OSSB should be located at $0.4 \times l$ point (l is the length of the OSSB) from the front part of the OSSB. If the gravitational center were located at the rear part of the OSSB, controllability would worsen.

b) Metacenter:

The metacenter of the OSSB should be located at $0.406 \times l$ point from the front part.

c) Layout space of components:

All internal space in the body of the OSSB is the layout space of components. All the components should be arranged in this space. Components should not be overlapped.

d) Noise countermeasure:

The noise from the inverters, actuators, thrusters, power source, etc., should affect sensors and CPU as little as possible.

e) Wiring:

The length of wiring (for signal and power line) between components should be as short as possible. Figure 1 (c) is the wiring diagram of components of the OSSB.

f) The components should not be jammed up locally.

g) The Strobo should be located near the camera.

In this paper, to satisfy these requirement we suggested the constraints and the cost function in Chapter 4. The shape of layout components is modified as cylindrical shape, since all the components are housed in a baroduric shell of cylindrical shape. Figure 1 (a) and (b) are the main body of the OSSB and the components to be packaged in the main body, respectively.

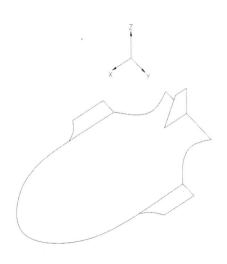

(a) Main body of the OSSB

(b) Components to be packaged

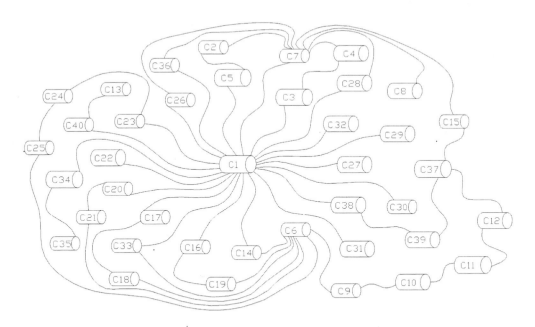

(c) Wiring diagram of component of the OSSB

Fig. 1 Main body and components of the OSSB

3. Simulated annealing method

The algorithm and the search procedure of the simulated annealing method are shown in Fig. 2 and Fig. 3, respectively. The main characteristic of this method is the acceptance of deterioration of value of cost function with some restraints as well as the acceptance of its improvement.

At the high temperature state, large deterioration of value of cost function can be accepted, but only small deterioration is accepted as the temperature becomes lower. At last, temperature becomes zero and deterioration is not accepted at all. By this characteristic, the global optimum can be obtained from the many local minimums.

4. A method to apply the simulated annealing method to three dimensional layout design problem

4.1 Constraint conditions

We suggested two kinds of constraint condition for three dimensional layout design, that is, the conditions of layout constraint and the conditions of relational constraint. The layout state is generated under these two constraint conditions.

1) Conditions of layout constraint

The layout constraint conditions consist of the constraint of layout domain and the constraint of layout direction as follows. These constraint conditions are obligatory and must be kept in three dimensional layout design.

a) Constraint of layout domain:

Some components must be arranged in a specified domain. In other word, some components have limitations in layout space, such as distance measuring sensors (this component must be placed at the front part of the OSSB), CPU, power source, etc.

```
Procedure SIMULATED_annealing;
    begin
        INITIALIZE(istart, To, Lo);
        k:=0;
        i:=istart;
        repeat
            for l:=1 to Lk do
            begin
                GENERATE(j from Si);
                if f(j) < f(i) then i:=j;
                else
                if exp[(f(i)-f(j)/Tk] > random(0,1)
                then i:=j
            end;
            k:=k+1
            CALCULATE_LENGTH(Lk);
            CALCULATE_CONTROL(Tk);
        until stop_criterion
end;
```

Fig. 2 Algorithm of simulated annealing

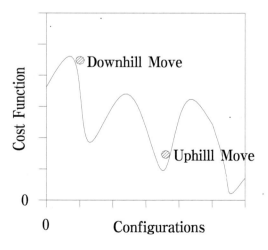

Fig. 3 Search procedure of simulated annealing

b) Constraint of layout direction:

Some components have limitations in layout direction, such as thruster (constraint of x axis direction), compensator (constraint of z axis direction), distance measuring sensor (constraint of x axis direction), etc.

2) Conditions of relational constraint

The conditions of relational constraints between components consist of the constraint of symmetrical layout and the constraint of layout dependency as follows. These constraint conditions are obligatory and must be kept in three dimensional layout design.

a) Constraint of symmetrical layout:

Some components must be arranged symmetrically in right and left, front and rear of the OSSB, such as horizontal and vertical rudder actuators, inverters, thrusters, etc.

b) Constraint of layout dependency:

Some components have dependency with other components in arrangement, such as ballast and deballaster (the position of ballast depends on that of the deballaster), right thruster and left thruster, etc.

4.2 Cost function

In this paper the total evaluation criteria and the individual evaluation criteria for optimal layout solution are suggested to estimate the three dimensional layout design result.

1) Total evaluation criteria (TEC)

There are five kinds of total evaluation criteria for the OSSB.

a) Total packaging rate:

Empty space after layout design divided by total layout space

$$TEC_1 = \frac{Empty\ space}{Total\ layout\ space}$$

b) Total wiring length between components:

Total length of power lines and signal lines ($TEC_2 = Length\,(m)$)

c) Change of position of gravitational center after deballasting:

Length of the position of gravitational center from before dropping the ballast to after dropping the ballast ($TEC_3 = Length\,(m)$)

d) Deviation of gravitational center from ideal position:

Length from the ideal position of gravitational center to the designed position of the center ($TEC_4 = Length\,(m)$)

e) Protrusion from special domain:

Protrude volume of components from the layout space ($TEC_5 = Volume\,(m^3)$)

2) Individual evaluation criteria (IEC)

There are four kinds of individual evaluation criteria for each component.

a) Functional relation between components:

Length between components which have functional relation (for example, camera and Strobo) ($IEC_1 = Length\,(m)$)

b) Effect of noise on sensors:

Length from noise sources to sensors ($IEC_2 = Length\,(m)$)

c) Interference between noise sources:

Length between noise sources (for example, inverters and thrusters) ($IEC_3 = Length\,(m)$)

d) Superimposition of components:

Overlapped volume between components ($IEC_4 = Volume\,(m^3)$)

The following dimensionless cost function is suggested to estimate the three dimensional layout design.

$$\text{CF(Cost function)} = \sum_{i=1}^{m} W_{Ti}\frac{TEC_i}{TEC'_i} + \sum_{j=1}^{n} W_{Ij}\frac{IEC_j}{IEC'_j} \qquad (3)$$

where, TEC_i and IEC_j are the values of total and individual evaluation criteria of current solution, respectively; TEC'_i and IEC'_j are the values of total and individual evaluation criteria of initial layout solution selected randomly (or given by layout design expert), respectively; W_{Ti} and W_{Ij} are the weighting coefficients for total and individual evaluation criteria, respectively (the range of weighting coefficient is from 1.0 to 10.0); m and n are the number of total and individual evaluation criteria, respectively.

5. Algorithm of layout state generation and transformation

In this research, to handle multiple constraint conditions and the evaluation criteria in three dimesional layout design, we suggest the algorithm of layout state generation and transformation as follows.

5.1 Generation of layout state

Generation of layout state is to select a new subsequent layout solution randomly from the surroundings of the current layout solution.

A new subsequent layout solution is generated by the next steps.

a) Select one component randomly among many constituent components.

b) Change the layout state of the selected component randomly in consideration of the conditions of layout constraint.

c) Change the layout state of the selected component randomly in consideration of the conditions of relational constraint.

d) Obtain the new subsequent layout solution.

In this paper the layout state of each component is represented as position coordinates (x_i, y_i, z_i) and axis directions (ad_i) of components in three dimensional space.

5.2 Transformation of layout state

Transformation of layout state is to interchange the current layout solution with the new subsequent layout solution with probability. The probability of state transformation is equal to min[1, exp(-$\triangle$E/T)] by the Metropolis criterion; where, $\triangle$E = r_1 − r_2, r_1 is the value of cost function of current layout solution, r_2 is the value of cost function of subsequent layout solution, and T is temperature.

6. Results of optimization and discussion

By the suggested method in chapter 4, LAYout Design Optimization Program (LAYDOP ver.1) has been developed. PC (Pentium 4, 2.4GHz) and C^{++} were used as hardware and software, respectively.

The cost function was simulated;

(i) when the weighting coefficients varies from 1.0 to 10.0 by an increment of 1.0 (step size was fixed at 1.0, since step sizes smaller than 1.0 do not noticeably improve the results).

(ii) when the initial temperature varies from 100.0 to 400.0 by an increment of 100.0 (minimum and maximum initial temperature were fixed at 100.0 and 400.0, respectively, since further decrease and increase in initial temperature do not noticeably improve the results).

(iii) when the cooling rate varies from 0.6 to 0.9 by an increment of 0.1 (minimum and maximum cooling rate were fixed at 0.6 and 0.9, respectively, since further decrease and increase in cooling rate do not noticeably improve the results).

The number of components, layout constraint conditions, relational constraint conditions, total evaluation criteria, and individual evaluation criteria were 40, 3, 2, 5, and 4, respectively.

Table 2 is the typical schedule for the optimization procedure mentioned above. Figure 4 is the cost function versus temperature renewal, when LAYDOP is executed under the schedule of Table 2. The initial and final values of cost function and the total improvement rate (TIR) for each schedule are summarized in Table 2. The value of cost function was improved 12.6% for Schedule 7 in Table 2 with 400 times temperature renewal. It took 1 hour 12 minutes to get the 400 times temperature renewal.

Table 2. Optimization schedule and total improvement rate(TIR)

	Sche.1	Sche.2	Sche.3	Sche.4	Sche.5	Sche.6	Sche.7	Sche.8
Initial temp.	400.0	300.0	200.0	100.0	400.0	300.0	200.0	100.0
Temp. renewal coef.	0.9	0.8	0.7	0.6	0.6	0.7	0.8	0.9
Initial cost value	284.5	260.3	160.0	130.2	284.5	260.3	160.0	130.2
Final cost value	82.2	80.7	79.9	85.4	83.5	81.8	78.6	84.2
TIR	8.7%	10.3%	11.2%	5.1%	7.2%	9.1%	12.6%	6.4%

Table 3 Result of layout design optimization(%)

	TEC_1 (7.0)	TEC_2 (9.0)	TEC_3 (7.0)	TEC_4 (8.0)	TEC_5 (8.0)	IEC_1 (7.0)	IEC_2 (9.0)	IEC_3 (10.0)	IEC_4 (8.0)	TIR
Sche.1	+1.3	+2.3	+3.5	+4.7	+1.2	−3.4	+2.5	−3.2	−0.2	+8.7
Sche.2	+2.4	+2.5	+3.5	−2.2	+3.3	−3.7	+4.5	+1.2	−1.2	+10.3
Sche.3	+3.1	+2.4	−2.3	+3.5	+5.2	−3.2	+3.7	−1.8	+0.6	+11.2
Sche.4	−2.5	+1.2	+1.7	−2.7	−3.2	+6.7	+3.3	+4.2	−3.6	+5.1
Sche.5	+2.5	+2.2	+1.2	+3.5	−3.7	+2.1	−2.3	+1.2	+0.5	+7.2
Sche.6	+1.4	+2.8	+4.7	+2.9	+2.5	−3.2	+0.7	−3.1	+0.4	+9.1
Sche.7	+2.7	-8.1	+2.5	−7.3	+6.9	+7.3	+6.8	+3.9	−2.1	+12.6
Sche.8	+4.7	+5.9	+2.5	−4.2	+1.5	+4.0	−5.1	−3.7	+0.8	+6.4

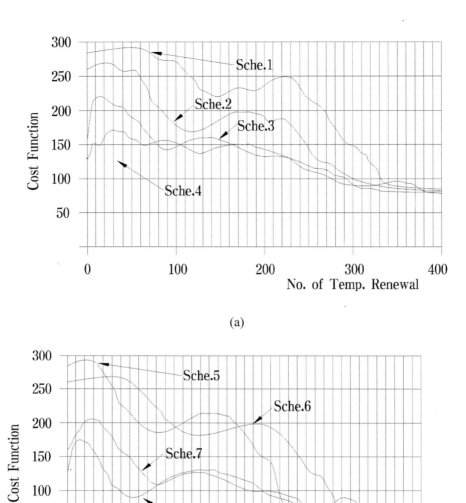

(a)

(b)

Fig. 4 Transition of cost function in the optimization process

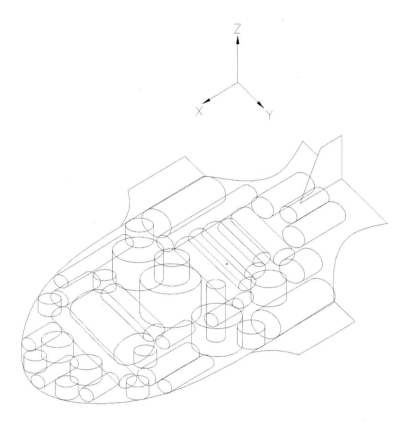

Fig. 5 Result of optimization by LAYDOP ver.1

As shown in Fig. 4, the value of cost function was increased at the high temperature state (in the beginning of program execution). This means that the deterioration of value of cost function can be accepted at the high temperature state by the statistic flickering of temperature as mentioned in Chapter 3. By this characteristic of the simulated annealing method adopted in this paper, the global optimum can be obtained for the multiple constraint conditions and evaluation criteria.

Table 3 is the changed values of total and individual evaluation criteria in cost function by the schedule of Table 2 (the values in parenthesis are weighting coefficients in Table 3). As mentioned in Chapter 2 we introduced the cylindrical shape to simplify the complex shape of actual parts such as a central processing unit, an inverter and so on. Table 3 is the simulation result by the cylindrical model. We also tried to simplify the shape of actual parts by a cubic model. However, the simulation results by cubic model were almost same as the Table 3. Figure 5 is the result of optimization by LAYDOP ver.1 under Schedule 7 in Table 2.

7. Conclusions

In this paper, a method to apply the simulated annealing method to three dimensional layout design of ocean space submergible boat with the multiple constraint conditions and the evaluation criteria has been suggested and the following results have been obtained.

1) As constraint conditions for three dimensional layout design, the relational constraint conditions and the layout constraints condition were defined.

2) In cost function, the total evaluation criteria and the individual evaluation criteria were included.

3) A method to generate and to change the layout state for three dimensional layout design was suggested.

4) Three dimensional LAYout Design Optimization Program (LAYDOP ver.1) for an ocean space submergible boat was developed by the suggested method.

5) The layout result designed by the layout expert was improved 12.6% by using the developed program.

6) By this it was verified that the suggested method had validity.

References

1. Kirkpatrick, S., Gelatt, C. D. Jr. and Vecchi, M. P., "Optimization by simulated annealing", Science, Vol. 220(1983), pp. 671-679.

2. Albano, A. and Sapuppo, G., "Optimal Allocation of Two-Dimensional Irregular Shapes Using Heuristic Search Methods", IEEE Transactions on System, Man and Cybernetics, SMC, Vol. 10, No. 5(1980), pp. 50-61.

3. Wong, D. F., Leong, H. W. and Liu, C. L., "Simulated Annealing for VLSI Design", Kluwer Academic Publishers, 1988.

4. Sechen, C., "The TimberWolf Placement and Routing Package", IEEE Journal of Solid-State Circuits, SC, Vol. 20, No. 2(1985), pp. 510-522.

5. Kawakami, T., Minagawa, M. and Kakazu, Y., "Auto tuning of 3-D packing rules using genetic algorithm", In Proceedings of the IEEE/ RSJ International Workshop on Intelligent Robots and Systems IROS '91, Vol. 3(1991), pp. 1319-1324.

6. Cagan, J., "A shape annealing solution to the constrained geometric knapsack problem", Computer-Aided Design, Vol. 28, No. 10(1994), pp. 763-769.

7. Kämpke, T., "Simulated annealing: use of a new tool in bin packing", Annals of Operations Research, Vol. 16(1988), pp. 327-332.

8. Jajodia, S., Minis, I. Harhalakais, G. and Proth, J. M., "CLASS: Computerizes Layout Solutions using Simulated Annealing", International Journal of Production Research, Vol. 30, No. 1(1992), pp. 95-108.

9. Hills, W. and Smith, N., "A new approach to spatial layout design in complex engineered products", In Proceedings of the International Conference on Engineering Design(ICED 97), Tampere, Finland(1997), pp. 19-21.

10. Cagan, J., Degentesh, D. and Yin, S., "A simulated annealing-based algorithm using hierarchical models for general three dimensional component layout", Computer-Aided Design, Vol. 30, No. 10(1998), pp. 781-790.

11. Dai, Z. and Cha, J., "An octree method for interference detection in computer aided 3-D packing", Proceedings of the 20th ASME Design Automation Conference, Vol. 1(1994), pp. 29-33.

12. Sakanushi, K., Nakatake, S. and Kakitani, Y., "The Multi-BSG: Stochastic Approach to and Optimum Packing of Convex-Rectilinear Blocks", Proceedings of ACM/IEEE International Conference on Computer Aided Design(1998) pp. 267-274.

13. Kim, J. J. and Gossard, D. C., "Reasoning on the location of Components for assembly packaging", Journal of Mechanical Design, Vol. 113(1991), pp. 375-381.

14. Landon, M. D. and Balling, R. J., "Optimal packaging of complex parametric solids according to mass property criteria", Journal of Mechanical Design, Vol. 116(1994), pp. 375-381.

15. Jang, S. H. and Choi, M. J., "Application of the Annealing Method to the Three Dimensional Layout Design", Journal of Korea Society for Simulation, Vol. 10(2001), pp. 1-13.

16. Jang, S. H. and Choi, M. J., "A Study on the Layout Design of Ocean Space Submergible Boat by the Simulated Annealing Method", Korean Society of Precision Engineering, Vol. 18(2001), pp. 50-58.

17. Park, Y. S., Jang, S. H. and You H., "A Study on Optimum Packing of Patterns by Genetic Algorithm", Journal of the Korean Fiber Society, Vol. 40(2003), pp. 363-370.

연구사례 3

A Study on Three Dimensional Layout Design
by the Simulated Annealing Method

Seung Ho Jang

College of Engineering, Kyung Hee University, Korea

ABSTRACT

Modern engineered products are becoming increasingly complicated and most consumers prefer compact designs. Layout design plays an important role in many engineered products. The objective of this study is to suggest a method to apply the simulated annealing method to the arbitrarily shaped three dimensional component layout design problem. The suggested method not only optimized the packing density but also satisfied constraint conditions among the components. The algorithm and its implementation as suggested in this paper are extendable to other research objectives.

1. Introduction

Modern engineered products are becoming increasingly complicated and most consumers prefer compact designs. The layout design plays an important role in many engineered products. The simulated annealing method has been effectively applied to wafer layout and has solved packing problems(Kirkpatrick, et al., 1983). In the electrical engineering field, commercial layout tools have a ability to arrange thousands of components within a small domain. However, the components in this field are limited to two dimensions(Wong, et al., 1988).

A variety of non-linear programming techniques have been applied to the layout problem of three dimensional components. Three dimensional packing problems have been studied by using genetic algorithms(Kawakami, et al., 1991). J. Cagan developed a method to extend the simulated annealing method from two dimensions to three dimensions(Cagan, 1994). T. Kämpke reports a solution to a bin packing test problem using this technology with results superior to previous attempts(Kämpke, 1988). The simulated annealing method has also been used on other types of three dimensional layout design problems, such as facilities layout(Jajodia, et al., 1992).

W. Hills and N. Smith present work in spatial engineering for made-to-order products such as offshore oil rigs(Hills, et al., 1997). Their work uses the simulated annealing method to produce initial layout configurations for later manipulation through the intervention of a layout expert to achieve the final desired layout result. J. Cagan, D. Degentesh and S. Yin reported a simulated annealing-based algorithm using hierarchical models(Cagan, et al., 1998). However, this study cannot be applied to arbitrarily shaped three dimensional component layout design problems.

The objective of this study is to develop a way of applying the simulated annealing method to the arbitrarily shaped three dimensional component layout design problems. The suggested method not only optimizes the packing density but also satisfies constraint conditions between the components. The algorithm and its implementation suggested in this paper are easily extendible to other objectives.

2. Requirement of three dimensional layout design of submergible boat

We selected a submergible boat as an example of a three dimensional layout design. The submergible boat is used to search for suboceanic resources and making undersea maps.

Table 1. Function of parts of submergible boat

Sensors : Water temperature sensor, distance sensor, azimuth sensor, water current sensor, PH meter, water depth sensor, vision(ccd camera) etc.
Power source : Battery for drivers, inverters, controllers, etc.
Communication apparatus : Ocean retrieval beacon and supersonic emergency communication apparatus
Driver : Control system of actuators
Inverter : Frequency transformer for AC motor
Central processing unit : Computation of the posture, stability, position, etc.
Controller : Control system of thrusters, rudder actuators, etc.

Table 2. Parts to be arranged in the submergible boat

PART01	SUPERSONIC SENSOR
PART02	PINGER
PART03	WATER CURRENT SENSOR
PART04	WATER TEMPERATURE SENSOR
PART05	TELECOMMUNICATION APPARATUS
PART06	ANTENNA
PART07	REAR TANK
PART08	PAINT EMITTER FOR EMERGENCY
PART09	PH METER
PART10	RECEIVER
PART11	DISTANCE MEASURING SENSOR
PART12	TRANSPORTER
PART13	VERTICAL RUDDER ACTUATOR
PART14	HORIZONTAL RUDDER ACTUATOR
PART15	COMPENSATOR
PART16	AIR BOMBE FOR EMERGENCY
PART17	CAMERA
PART18	BALLAST
PART19	DEBALLASTER
PART20	STROBO
PART21	BEACON
PART22	POWER SOURCE
PART23	INVERTER
PART24	AZIMUTH SENSOR
PART25	THRUSTER(RIGHT)
PART26	THRUSTER(LEFT)
PART27	CENTRAL PROCESSING UNIT
PART28	NAVIGATOR

The functions of the main parts are summarized in Table 1. Table 2 shows a part list for the submergible boat. Table 3 gives the shape and size of each part.

The requirements of the layout design of the submergible boat are as follows:

a) Wiring: The length of wiring (for the signal and power line) between components should be short if possible. Table 4 depicts the wiring diagram of the submergible boat's components.

Table 3. Shape and size of each part

	SHAPE	SIZE(mm)		
		a	b	c
PART01	CYLINDER	600	450	−
PART02	CONE	450	450	−
PART03	CYLINDER	300	400	−
PART04	CYLINDER	250	250	−
PART05	TETRAHEDRON	400	500	500
PART06	CYLINDER	100	700	750
PART07	CYLINDER	800	800	−
PART08	SEGMENT	600	600	750
PART09	CUBE	300	300	350
PART10	WEDGE	500	500	400
PART11	CUBE	450	450	750
PART12	CYLINDER	800	800	−
PART13	CYLINDER	700	700	−
PART14	CYLINDER	800	850	−
PART15	WEDGE	250	250	550
PART16	SPHERE	750	−	−
PART17	CYLINDER	400	400	−
PART18	CUBE	700	800	800
PART19	CUBE	700	800	380
PART20	CYLINDER	400	400	−
PART21	FILLET	700	800	900
PART22	CYLINDER	400	600	800
PART23	WEDGE	700	700	−
PART24	CONE	500	500	−
PART25	CYLINDER	500	900	−
PART26	CYLINDER	500	900	−
PART27	CUBE	400	400	700
PART28	CYLINDER	300	300	−

Table 4. Wiring diagram among parts

PART01 --- PART14	PART08 --- PART24	PART22 --- PART23
PART03 --- PART12	PART09 --- PART23	PART24 --- PART16
PART07 --- PART17	PART27 --- PART14	PART04 --- PART17
PART05 --- PART16	PART11 --- PART18	PART18 --- PART16
PART02 --- PART24	PART19 --- PART16	PART21 --- PART11
PART08 --- PART19	PART16 --- PART13	PART05 --- PART19
PART01 --- PART14	PART27 --- PART09	PART03 --- PART13
PART05 --- PART07	PART09 --- PART24	PART05 --- PART21
PART07 --- PART24	PART16 --- PART13	PART11 --- PART13
PART08 --- PART15	PART23 --- PART17	PART21 --- PART15
PART08 --- PART22	PART15 --- PART26	PART07 --- PART14
PART07 --- PART25	PART18 --- PART23	PART09 --- PART17
PART14 --- PART28	PART19 --- PART17	PART02 --- PART13
PART08 --- PART17	PART16 --- PART04	PART07 --- PART24
PART13 --- PART08	PART13 --- PART12	PART21 --- PART28

b) Gravitational center: The gravitational center of the submergible boat should be located at $0.4 \times$ LENGTH (LENGTH: the length of submergible boat) from the front side of the submergible boat. If the gravitational center is located at the rear side of the submergible boat, the ability to control the submergible boat will be compromised.

c) Metacenter: The position of the metacenter of the submergible boat should be located at $0.406 \times$ LENGTH from the front side of the submergible boat.

d) Layout space of components: The entire internal space of the body of the submergible boat is the layout space for the components. All the components should be arranged in this space. However, no components should overlap.

e) Noise countermeasure: The noise from the inverters, actuators, thrusters, power sources etc., should not affect the sensors or CPU if possible.

In addition, the components should not be placed extremely close to each other in consideration of future repairs made to the submergible boat. The Strobo should be located near the camera.

In this paper eight kinds of three dimensional shapes(cone, fillet, sphere, tetrahedron, cylinder, wedge, cube, segment) are suggested as shown in Fig.1.

3. Simulated Annealing Method

3.1 Algorithm of simulated annealing method

The annealing method of metals and the simulated annealing algorithm of computer are compared in Table 5. The simulated annealing algorithm was developed by applying the annealing process of solid physics to the optimization problem. The main characteristics of this algorithm were that the optimal solution can be obtained globally, but the computing time was longer than other methods.

The simulated annealing method is based on the iterative improvement problem. An initial design state is chosen and the value of the objective function for the state is evaluated. A step is taken to a new state by applying a random move. If the step leads to an improvement by evaluating the objective function of the new state, the new design is accepted and becomes the current design state. If the step leads to an inferior state, the step may still be accepted with some probability by using the Metropolis criterion.

$$\text{Metropolis criterion} = \exp\left(\frac{-\Delta}{k_B \cdot T}\right) \tag{1}$$

Where k_B, T and Δ are the Boltzman constant, temperature, and change of energy, respectively. The simulated annealing algorithm is summarized in Fig. 2.

3.2 Evaluation criteria and cost function

Nine kinds of evaluation criteria were defined to evaluate the layout design results of the submergible boat, as follows:

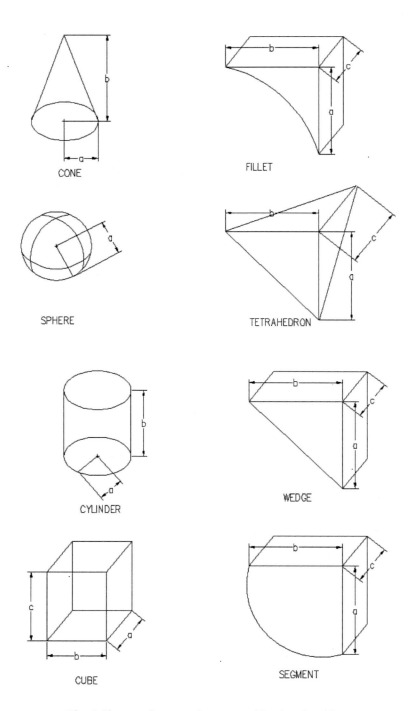

Fig. 1 Shapes of parts to be arranged by the algorithm

Table 5. Annealing method and simulated annealing algorithm

	Annealing method	Simulated annealing algorithm
1	material(metals)	various optimization problems
2	energy	objective function
3	crystallization	optimal solution

1) Interference between noise sources: Length between noise sources (for example inverters and thrusters, etc.) (L_1).

2) Superimposition of components: Overlapped volume between components (V_1).

3) Protrusion from special domain: Protrusion volume of the components from the layout space (V_2).

4) Functional relation between components: Length between components which have a functional relation (for example camera and Strobo, etc.) (L_2).

5) Effect of noise to sensors: Length from noise sources to sensors (L_3).

6) Total packaging rate: Total empty space after layout design divided by total layout space ($V_3 = V_{tes}/V_{tls}$, where, V_{tes} is total empty space, V_{tls} is total layout space).

7) Change of position of gravitational center after deballasting: Length from the position of the gravitational center prior to dropping the ballast to the position of it after dropping the ballast (L_4).

```
begin;

initialize(inisol, initem, iternum)
                //inisol: initial solution,
                  initem: initial temperature,
                  iternum: iteration number


repeat

for i = 1 to  iternum do {

      Y = PERTURB(inisol)
       if E(Y) ≤ E(inisol) or (exp(E(inisol) - E(Y))/initem) > random(0,1){
                  inisol = Y;   }    }

    UPDATE(initem, iternum)

Until(Stop-criteria)

End
```

Fig. 2 Algorithm of simulated annealing method

8) Deviation of gravitational center from ideal position: Length from the ideal position of the gravitational center to the designed position of the gravitational center of the submergible boat (L_5).

9) Total wiring length between components: Total length of power lines and signal lines (L_6).

The following dimensionless cost function is suggested to estimate the three dimensional layout design result.

$$\text{CF(Cost function)} = \sum_{i=0}^{m}\left(\frac{V_i}{V'_i}\times 100\right) + \sum_{j=0}^{n}\left(\frac{L_j}{L'_j}\times 100\right) \tag{2}$$

Where, L_j and V_i are the values of evaluation criteria for the current layout solution, L'_j and V' are the values of evaluation criteria for the initial layout solution.

4. Constraint conditions and method of layout state generation and transformation

The conditions of relational constraint and layout constraint were suggested for the three dimensional layout design as follows:

4.1 Conditions of layout constraint

The conditions of layout constraint consist of the constraints of layout domain, the constraints of layout direction, the constraints of layout position and layout direction as follows:

a) Constraint of layout domain: Parts which must be arranged in some specified domains, that is, the parts which have limitations of layout space, like distance measuring sensors (this sensor must be placed at the front domain of submergible boat), CPU, power source, etc.(Fig. 3(a)).

b) Constraint of layout direction: Parts which have limitations of layout direction, like the thruster (constraint of x direction), compensator (constraint of z direction), distance measuring sensor (constraint of x direction), etc.(Fig. 3(b)).

c) Constraint of layout domain and layout direction: Parts which have limitations of layout position and layout direction, like the ballast and deballaster (these parts must be paced under domain of the submergible boat and have constraints in the x direction), the camera and Strobo, etc.(Fig. 3(c)).

4.2 Conditions of relational constraint

The conditions of relational constraint between parts consist of constraints of symmetrical layout and constraints of layout dependency as follows:

a) **Constraint of symmetrical layout**: Parts which must be arranged symmetrically on the right side and left side, front side and rear side of the submergible boat, like horizontal and vertical rudder actuators, inverters, thrusters, etc.(Fig. 4(a)).

```
IF  Part = Distance_Measuring_Sensor(DMS)

THEN  Position_of_DMS = Within_Cube_A(center1, a1, b1, c1)
```

(a)

```
IF  Part = Navigator

THEN  X_Direction_of_Navigator = X_axis
```

(b)

```
IF  Part = Deballaster

THEN   X_Direction_of_Deballaster = X_axis, and,

        Position_of_Deballaster = Within_Cube_B(center2, a2, b2, c2)
```

(c)

Fig. 3 Algorithm of layout constraint

b) **Constraint of layout dependency**: Parts which have dependency with other parts in the arrangement, like the ballast and deballaster (the position of ballast is dependent on that of the deballaster), right thruster and left thruster, etc.(Fig. 4(b)).

```
    IF  Part = Thruster(right)


THEN  Position_of_Thruster(right)


      = Right_Side_of_Boat(d1, d2, d3, d4)
```

(a)

```
  IF  Part = Ballaster


THEN    Position_of_Deballaster = Within_Cube_C(center3, a3, b3, c3)
```

(b)

Fig. 4 Algorithm of relational constraint

4.3 Method of layout state generation and transformation

The layout state of each component is represented as position coordinates and axis directions of parts in three dimensional space. The layout state is generated under the constraint conditions mentioned in Chapter 4.1 and 4.2. A new subsequent layout solution is generated by the layout state generation process in Fig. 5.

The layout state transformation selects one of the new subsequent layout solutions randomly from the surroundings of the current layout solution. That is, the layout state is transformed by interchanging the current layout solution with the new subsequent layout solution with probability by the Metropolis criterion.

$$P(\text{Probability of state transformation}) = \min[1, \exp(-\triangle E/T)] \qquad (3)$$

$$\triangle E = CF_1 - CF_2 \qquad (4)$$

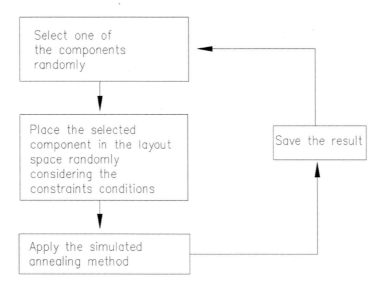

Fig. 5 Layout state generation and optimization process

Where, CF_1 is the value of the cost function of the current layout solution, CF_2 is the value of the cost function of a subsequent layout solution, $\triangle E$ is the energy, and T is the temperature. Figure 5 is the layout state generation and optimization process.

5. Simulation

The LAYout Design Optimization Program (LAYDOP ver.2) was developed by the suggested method. As layout specifications for the submergible boat, the numbers of parts, layout constraint conditions, relational constraint conditions, and evaluation criteria were 28, 3, 2, and 9, respectively. Table 6 shows the schedule parameters and the improvement rates for the annealing method. As shown in Table 6 the initial temperature was changed from 100.0 to 300.0(step size 50.0). The layout design results by using LAYDOP ver.2 were compared with the design result by layout expert(cost value = 172.0).

In schedule A3 of Table 6, the value of the cost function was improved 35.9% with 1000 times of the temperature renewal. The temperature renewal was found by multiplying the initial temperature value by 0.99 at each point. The changed values for each evaluation criterion of the cost function by each schedule are summarized in the right hand side of Table 6.

Figure 6 is the transition of the cost function by temperature renewal when the LAYDOP ver.2 was executed under the schedule of Table 6. As shown in Fig. 4, at the high temperature state (in the beginning of program execution) the values of the cost function were increased. This means that the deterioration of the value of the cost function was accepted at the high temperature state by the statistic flickering of temperature.

Comparing the annealing schedules A1, A2, A3, A4 and A5 in Fig. 4, it was found that the solution of layout design could be converged into a local minimum if the annealing schedule was not appropriate.

Table 6(a). Simulation results

Name of schedule		Initial temp.	Initial cost value	Final cost value	Improvement rate	
Annealing	A1	100.0	400.0	134.6	+21.7%	a = 2.0
						b = 2.2
						c = 1.7
						d = 4.6
						e = 1.2
						f = 2.3
						g = 2.5
						h = 1.2
						i = 4.0
	A2	150.0	400.0	123.1	+28.4%	a = 3.5
						b = 2.5
						c = 2.1
						d = 3.2
						e = 4.5
						f = 4.3
						g = 3.2
						h = 2.0
						i = 3.1
	A3	200.0	400.0	110.3	+35.9%	a = 4.2
						b = 3.3
						c = 4.5
						d = 4.7
						e = 3.6
						f = 2.7
						g = 5.2
						h = 4.4
						i = 3.3

Table 6(b). Simulation results

Name of schedule		Initial temp.	Initial cost value	Final cost value	Improvement rate	
Annealing	A4	250.0	400.0	120.0	+30.2%	a = 4.7
						b = 5.2
						c = -1.2
						d = 5.1
						e = 4.2
						f = 4.0
						g = 4.3
						h = -0.3
						i = 4.2
	A5	300.0	400.0	128.4	+25.3%	a = 3.4
						b = 4.4
						c = -3.5
						d = 4.5
						e = 4.8
						f = 5.0
						g = 4.3
						h = -2.1
						i = 4.5

Table 7. Evaluation criteria in improvement rate of Table 6

a	Change of position of gravitational center after ballasting
b	Deviation of gravitational center from ideal position
c	Interference between noise sources
d	Superimposition of parts
e	Protrusion from special domain
f	Functional relation between parts
g	Effect of noise to sensors
h	Total packaging rate
i	Total wiring length between parts

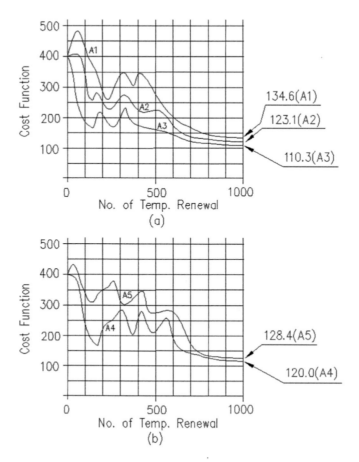

Fig. 6   Simulation result

(cost value vs. number of temp.renewal)

6. Concluding remarks

In this paper we suggested a method to apply the annealing method to the layout design of the arbitrarily shaped three dimensional component layout design problem. Through the suggested method, the three dimensional LAYout Design Optimization Program (LAYDOP ver.2) was developed.

By executing the LAYDOP ver.2, the suggested method has been verified. The layout result designed by a layout expert has been improved 35.9% using LAYDOP ver.2. The solution of layout design can converge into a local minimum if the annealing schedule is not appropriate. The suggested method not only optimized the packing density but also satisfied constraint conditions between the components. The algorithm and its implementation suggested in this paper are easily extendible to other research objectives.

References

Cagan, J., 1994, "A shape annealing solution to the constrained geometric knapsack problem", Computer-Aided Design, Vol. 28, No. 10, pp. 763-769.

Cagan, J., Degentesh, D. and Yin, S., 1998, "A simulated annealing-based algorithm using hierarchical models for general three dimensional component layout", Computer-Aided Design, Vol. 30, No. 10, pp. 781-790.

Hills, W. and Smith, N., 1997, "A new approach to spatial layout design in complex engineered products", In Proceedings of the International Conference on Engineering Design(ICED 97), Tampere, Finland, pp. 19-21.

Jajodia, S., Minis, I. Harhalakais, G. and Proth, J. M., 1992, "CLASS: Computerizes Layout Solutions using Simulated Annealing", International Journal of Production Research, Vol. 30, No. 1, pp. 95-108.

Kawakami, T., Minagawa, M. and Kakazu, Y., 1991, "Auto tuning of 3-D packing rules using genetic algorithm", In Proceedings of the IEEE/ RSJ International Workshop on Intelligent Robots and Systems IROS '91, Vol. 3, pp. 1319-1324.

Kämpke, T., 1988, "Simulated annealing: use of a new tool in bin packing", Annals of Operations Research, Vol. 16, pp. 327-332.

Kirkpatrick, S., Gelatt, C. D. Jr. and Vecchi, M. P., 1983, "Optimization by simulated annealing", Science, Vol. 220, pp. 671-679.

Wong, D. F., Leong, H. W. and Liu, C. L., 1988, "Simulated Annealing for VLSI Design", Kluwer Academic Publishers.

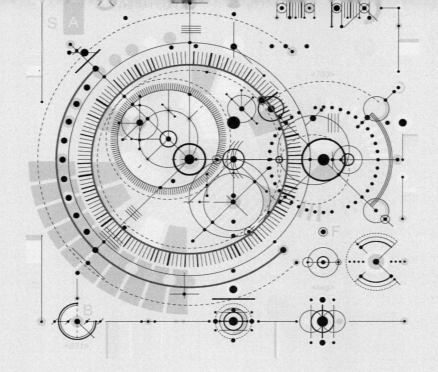

CAD 관련 용어해설

A

accuracy
측량된 값의 정확도를 의미하며, 일반적으로 프로그램이나 알고리즘, 혹은 시스템이 제공하는 절대적 의미의 정확도를 의미함.

AI(Artificial Intelligence)
각종 지식을 저장하는 지식 데이터베이스(knowledge database)와 이를 바탕으로 추론하여 의사결정을 수행하는 추론 엔진(inference engine)의 두 부분으로 구성되어 있으며, 컴퓨터가 마치 사람과 같이 지능을 필요로 하는 일을 수행할 수 있도록 개발한 컴퓨터 응용의 한 분야를 말함(인공지능).

algorithm
어떤 문제를 풀거나 결과를 얻기 위하여 만들어진, 잘 정리한 규칙이나 문제 해결의 절차를 말함.

alpha−numeric(alphameric)
각종 명령어나 비 도형 정보의 조작 및 처리에 사용되며, 영문자 A-Z, 숫자 0-9와 특수문자 *,/,.,(,),+,- 등으로 구성되는 기호를 말함.

analog
시간의 변화에 따라 연속적으로 변화하는 물리량으로 표시되는 데이터를 말함. 단, 특정 순간의 이산 값으로 표시되는 데이터는 digital이라고 함.

ANSI(American National Standards Institute)
미국 정부와 산업계로 구성된 설계 및 제도에 관한 규격 및 표준화 협회를 말함.

ASCII(American Standard Code for Information Interchange)
미국 표준협회가 데이터 처리 및 통신 시스템 상호 간의 정보 교환용으로 제정한 표준 코드 체계를 말함. 1바이트(byte)는 8비트(bit)로 구성되며, 에러(error)를 검출하기 위한 등가비트(parity bit)를 제외한 7비트를 사용함으로써 $128(=2^7)$개의 코드로 구성됨.

attribute
부품과 관련된 비 도형 정보를 말하며 속성이고도 함.

auxiliary storage
보조 기억장치를 말하며 자기 디스크, 자기 테이프, USB 메모리 등이 이에 해당함.

B

BASIC(Beginner's All-purpose Symbolic Instruction Code)

전산 전문요원이 아니더라도 손쉽게 프로그램을 작성할 수 있도록 개발된 컴퓨터 프로그래밍 언어를 말함.

batch

하나의 단위 작업을 시스템의 자체적인 제어 하에서 일괄적으로 처리하는 방식으로서, 서로 관련이 있는 작업들을 하나의 관리 단위로 묶어 한꺼번에 처리하는 데이터 처리 기법을 말함.

benchmark

특정 프로그램이나 업무를 선정하여 서로 비교 검토함으로써 성능을 평가하는 기법을 말함.

bit

binary digit.

컴퓨터 내부에 보관되어 처리되는 정보의 최소 단위로서, 0과 1로 구성된 2진수의 한자리를 말함.

bit map

영상을 만드는 데 사용되며, 메모리상에 구성된 각 비트들의 격자형 구조로, 각 비트는 화면상의 각 화점(pixel)과 일대일로 대응하게 됨.

BPI(Bits Per Inch)

자기 테이프의 데이터 보관 용량을 나타내는 단위로서 자기 테이프상의 1인치에 기록 가능한 정보(bit)의 수를 말함.

BPS(Bits Per Second)

데이터 전송속도의 기본 단위로서 통신선로를 통하여 전송되는 1초당의 총 비트수를 말함.

B-spline

자유곡선의 일종으로서 다항식을 사용하여 3차원 공간상의 여러 개의 점을 지나는 근사곡선을 유도하는 기법을 말함.

buffer

하나의 장치로부터 다른 장치로 정보를 전송하는 경우에 있어서 전송되는 정보를 일시적으로 보관하기 위하여 기억장치 내에 할당한 일정 영역을 말함.

bug

기계장치나 컴퓨터 프로그램에 있어서 오동작을 일으키게 하는 자체적인 결함을 말함.

bus

컴퓨터 내부의 각종 장치(CPU, 메모리, CD드라이버 등) 사이를 연결하는 대용량의 데이터 통로를 말함.

byte

문자, 숫자, 특수문자 등 하나의 의미를 가지는 정보의 기본 단위로서 ASCII 코드에서는 8개의 비트(bit)가 1 바이트(byte)로 구성됨.

C

CAT(computer Aided Testing)

개발된 제품의 품질, 성능 등을 검사하는 데 컴퓨터를 활용하는 기법을 말함.
치하여 연구, 검토를 행하는 국제 전신 전화 자문위원회.

channel.

컴퓨터 내부의 CPU와 각종 주변장치 사이의 데이터의 전송 및 제어를 하는 통로를 말함.

chip

IC제조공정에서 wafer를 절단하여 하나의 소자로 분리한 조각을 말하며, 이 chip에 다리를 접속하고 절연물질 등으로 포장(packaging)을 하면 하나의 IC가 완성됨.

CIM(Computer Integrated Manufacturing)

생산성을 극대화시키기 위하여, CAD/CAM/CAE/CAT시스템을 적극 이용하여 모든 제조공정을 하나로 통합한 완전 자동화 공정을 말함.

CNC(Computer Numerical Control)

마이컴(micro computer, 마이크로프로세서)을 내장한 NC 공작기계를 말함.

COM(Computer Output Microfilm)

CAD 도면을 마이크로필름(microfilm)으로 출력하는 장치를 말함.

compiler

BASIC, FORTRAN, PASCAL 등으로 작성된 컴퓨터 프로그램을 컴퓨터가 작업을 수행할 수 있도록 기계어로 번역하는 프로그램을 말함.

CPS(Characters Per Second)

프린터가 1초당 프린트할 수 있는 문자의 수를 말함.

cursor

현재의 입력 기준점을 표시하는 것으로서 화면상에 밑줄이나 십자로 나타낸 작업 위치를 표시하는 기호를 말함.

cylinder

자기 디스크에 있어서 동일한 수직열상에 위치한 track들의 집합을 말함.

D

DA(Design Automation)

설계자동화로서 설계공정에서 가능한 한 사람의 개입을 최소화시키는 기술을 말함.

DB(data base)

각종 프로그램에서 공동으로 사용할 수 있도록 통합된 데이터들의 집합을 말하며, CAD시스템에서 사용되는 데이터베이스로는 부품 library, 도형 및 비 도형 정보 등이 있음.

DBMS(Data Base Management System)

데이터베이스를 효율적으로 사용할 수 있도록 관리해 주는 소프트웨어를 말함.

debugging

소프트웨어나 하드웨어 상에서 bug를 찾아내어 이를 수정하는 일을 말함.

default

어떤 변수에 대한 입력 치에 대하여 특정한 값을 입력하지 않을 경우, 프로그램이나 시스템이 미리 결정하여 보관하고 있는 값으로 대치하도록 한 것을 말함.

diagnostics

시스템의 주요 기능과 오류를 진단하고 찾아내는 프로그램을 말함.

digital

어떤 현상이나 데이터를 불연속적인 이산 값으로 표시하는 방식을 말함.

digitize

기계도면을 데이터베이스에 보관하기 위하여 좌표계상의 좌표 값으로 변환하는 작업을 말함.

digitizer

제도판과 같은 판과 puck, stylus pen으로 구성되며, CAD시스템의 입력 기기로 사용됨.

disk

레코드판과 같은 자기원판을 사용하여 정보를 써 넣거나 읽어내는 대용량의 보조기억장치를 말함.

distributed processing

업무의 분산처리 및 자원의 공동 이용을 가능하게 하기 위하여, 다수의 프로세서를 network로 결합시키는 컴퓨터와 통신망의 결합기술을 말함.

documentation

설계에서 제조에 이르는 모든 단계에서 작성한 보고서나 설명 등을 말함.

dot-matrix

점(dot)을 행렬 형태로 2차원상에 배치하여 이 점의 유무로서 글자나 그림을 나타내는 방식을 말함.

drum plotter

pen plotter의 일종으로 pen은 좌우방향으로 움직이고, 드럼에 감긴 용지가 회전함으로써 도면을 작성하는 plotter를 말함.

dynamic menu

화면상에 menu를 표시하고, 이를 cursor에 의하여 지정함으로써 특정한 명령이나 작업을 수행할 수 있도록 하는 menu방식을 말함.

E

electrostatic plotter

정전기를 이용하여 복사기와 같은 원리로 복사하듯 도면을 출력하는 정전방식의 도면작성 장치를 말함.

entity

점, 선, 직사각형, 원, 원호 등 도형을 구성하는 기본 요소를 말함.

execute

컴퓨터가 지시받은 명령어(command)나 작업(work)을 수행하는 것을 말함. 또한 일련의 명령어로 구성된 file을 execute file이라고 함.

expert system

특정 영역의 전문가가 가지고 있는 것과 같은 고도의 문제해결 능력을 컴퓨터에 부여한 시스템을 말함. 주로 지식 베이스와 추론 엔진을 사용함.

F

FA(Factory Automation)

제조공장에 컴퓨터 시스템을 통합시켜 전체적인 자동화 혹은 무인화를 지향하는 제조 시스템을 말함.

FEM(Finite Element Method)

기계나 기계에 사용되는 각종 부품을 여러 개의 사각요소 또는 삼각요소 등으로 분할하여 재료역학, 열역학, 유체역학 등의 해석을 하는 방법을 말함.

figure

기본 도형요소로 구성된 심벌이나 부품을 말하며, 재질, 속성, 크기 등의 비 도형 정보도 함께 가질 수 있음.

file

컴퓨터 내부에 보관되는 연관성 있는 정보(record)의 집합을 말함.

fillet

두 선분이 만나는 모서리 부분을 원호로 처리하는 모서리 처리 방식을 말함.

font

문자를 여러 가지 스타일로 미리 작성하여 보관해 놓은 일종의 library를 말함.

format

보고서, 리스트 등에서 데이터를 표시하고 나열하는 양식을 말함.

FORTRAN

설계계산 작업의 전산화에 광범위 하게 사용되는 컴퓨터 언어의 일종으로서 high-level language임.

function key

임의의 key를 누르면 이에 대응하는 미리 정의되어 있는 기능이나 명령어가 수행되도록 만들어 놓은 입력 장치를 말함.

G

graphic tablet

CAD/CAM시스템에 사용되는 입력장치의 하나로서, 도형이나 위치 명령을 입력하거나 menu tablet으로 사용된다.

gray level

단색의 화면표시 장치에서 서로 다른 부품의 구분을 위하여 각기 다르게 표시되는 밝기의 정도를 말함.

grid

도면상에 일정한 간격으로 나열한 점이나 선의 집합을 말함.

H

hidden line removal
은선 제거라고도 하며, 3차원의 형상을 컴퓨터에 표시할 때, 가려서 보이지 않는 선분을 화면상에서 제거함으로써 조금 더 알아보기 쉽도록 표시하는 3차원의 도형표시 기법을 말함.

high-level language
PASCAL, BASIC, FORTRAN 등과 같이 사용자 중심의 프로그래밍 언어를 말하며, 이러한 언어로 작성된 프로그램은 반드시 컴파일을 거쳐야만 컴퓨터 내부에서 실행이 가능하게 됨.

Hz(hertz)
진동 등 주기운동에 있어서 1초당 발생한 cycle의 수를 말함.

I

IC(Integrated Circuit)
각종 회로 소자(transistor, capacitor, diode, register 등)를 하나의 회로기판 속에 집적시킨 소형의 회로소자 및 배선의 집합체를 말함.

IEEE(Institute of Electrical and Electronics Engineers)
전기전자기술자협회를 말함.

image processing
화상이나 도면 데이터를 컴퓨터로 처리하는 기술을 말함.

impact printer
핀(pin)을 사용하여 기계적인 충격을 용지에 가함으로써 인쇄하는 방식으로, dot-matrix 방식의 프린터가 이에 속함.

interface
기계와 기계, 혹은 기계와 사람 사이에서 정보를 주고받으며 이들을 연결하는 하드웨어나 소프트웨어적인 결합을 말함.

IPS(Inch Per Second)

자기테이프의 초당 진행속도를 의미함.

ISO(International Organization for Standardization)

상품 및 서비스의 국제적인 교환을 용이하게 하기 위해 설립된 국제표준화기구를 의미함.

J

joystick

X축과 Y축 방향으로 상호 결합된 두 개의 가변 저항기와 이 가변 저항기를 조정하는 막대로 구성되어 있으며, 컴퓨터에서 cursor의 위치를 조정하는 입력기기임.

K

keyword

핵심이 되는 단어, 약어 등을 의미함.

knowledge engineering

지식공학이라고도 하며, 지식 데이터베이스(knowledge database), 인공지능 등을 이용하여 고도의 응용 프로그램을 개발하는 공학체계를 의미함.

L

label

도면상의 부품, file 등에 대한 간단한 설명이나 표시를 의미함.

LAN

Local Area Network.

가까운 지역 내의 한정된 데이터 통신 시스템으로서, 전송 속도가 고속이라는 특징을 가지며 근거리 정보 통신망, 지역 내 정보통신망이라고도 함.

layer

도면을 몇 개의 층으로 나누어 관리하는 방식을 말함.

layer discrimination

특정 layer에서 사용하는 선의 두께, 색 등을 지정하여, 도면상에서 다른 layer와 구분하는 기법을 말함.

library

자주 사용되는 프로그램이나 부품, 심벌, 기기 등의 집합을 의미하며, 반복 작업을 줄이고 생산성을 향상시킬 수 있음.

light-pen

cursor 위치조절 기기의 일종으로서 refresh형 CRT에서 사용됨.

LISP(LISt Processor)

인공지능 프로그래밍 언어의 일종으로서 list들로 구성된 데이터를 처리하기 위하여 고안되었음.

load

CD, HD, DVD 등에 보관된 프로그램이나 데이터가 주기억장치 등으로 이동되는 것을 말함.

low-level language

기계어 중심의 프로그래밍 언어로서 assembler 등이 이에 해당함.

LPM(Lines Per Minute)

1분간에 인쇄되는 행의 수로서 주로 line printer에서 사용됨.

M

machine language

컴퓨터가 직접 실행할 수 있는 low-level language를 의미함.

macro

일련의 명령어 집합으로서, 반복적으로 사용되는 여러 작업을 하나의 지시로 컴퓨터가 직접 실행할 수 있도록 만들어 놓은 것을 말함.

main memory

CPU가 처리할 프로그램과 데이터를 보관하는 주기억장치를 말함.

merge

서로 연관성 있는 file이나 data들을 하나로 합치는 것을 말함.

microprocessor

한 개 또는 여러 개의 칩(chip)으로 구성된 제어 및 연산처리장치를 말함.

MIPS(Million Instructions Per Second)

컴퓨터의 자료 처리속도를 나타내는 단위로서, 1초에 백만 개의 명령어를 실행할 수 있는 능력을 말함.

MIS(Management Information System)

기업에서 행해지는 경영 관리 및 의사결정에 필요한 정보를 조직적이고 종합적으로 제공하도록 하는 통합적인 경영지원시스템을 말함.

mirroring

도형 요소들을 한 직선에 대칭으로 거울에 비친 상처럼 이동 또는 복사하는 것을 말함.

MODEM(MOdulator DEModulator)

전화회선과 같은 회선을 데이터 통신에 사용하기 위해서, 디지털 형태의 데이터 신호를 전송용으로 변조하고, 이를 다시 수신측에서 복조하는 데이터 통신용 장치를 말함.

muitiplexing

통신선로의 전송 효율을 높이고 다수의 사용자가 공동으로 이용할 수 있도록 구성한 다중전송방식을 말함. 하나의 데이터 통로를 다수의 송수신 장치가 시분할, 주파수 분할방식으로 공유함.

multi-processing

하나의 프로그램을 여러 부분으로 나누어 병렬처리하거나, 여러 개의 CPU를 병렬로 연결하여, 다수의 프로그램을 동시에 병렬처리하는 기법을 말함.

N

network

다수의 컴퓨터를 서로 연결하기 위한 통신 선로용 데이터 통신망을 말함.

O

OA(Office Automation)

사무자동화라고도 하며, 컴퓨터와 통신망을 이용하여 사무의 자동화와 효율화를 이룩하는 기술을 말함.

off-line

주변장치가 CPU와 연결되지 않은 상태에서 작동하는 것을 의미함.

on-line

주변장치가 CPU와 전기적으로 접속된 상태에서 작동하는 것을 의미함.

OS(Operating System)

제어 프로그램과 처리 프로그램으로 구성되며, 시스템 자체의 성능을 향상시키고 처리능력을 높이기 위한 시스템으로서 하드웨어의 효율적인 운영을 위한 기본적인 소프트웨어를 말함.

P

parity check

하나 혹은 두 개의 비트(bit)를 이용하여 이송되거나 보관된 정보 속에 내재하는 에러를 판별하는 기법을 말함.

part

CAD시스템 상에 구축한, 도형 및 비 도형의 표시를 통한 기계 부품이나 형상의 모델을 의미하며, 보통 하나의 완성된 부품이나 기계를 나타내게 됨.

part program

제작할 부품의 형상과 이를 가공할 공구의 동작 및 가공 순서를 자동 프로그래밍 언어(NC language)를 사용하여 기술한 program을 말함.

PCB(Printed Circuit Board)

플라스틱 판위에 마치 인쇄하듯이 배치한 동판 배선의 회로 기판을 말함. 인쇄배선 회로라고도하며, IC나 저항 등의 각종 회로 부품들이 보드 상에 배치됨.

P&ID(Piping and Instrumentation Diagram)

2차원의 배관 구성도로서 주요기기들 사이의 배관의 구성 상황을 표시함.

pixel(picture element)

화면상에 가로 및 세로로 등 간격으로 위치하며, 화면상에서 도형이나 화상을 구성하는 화점 요소를 말함.

plasma panel

두 개의 유리판 사이에 샌드위치 형태로 구성된 네온가스의 층을 이용한 화면표시 장치를 말함.

plotter

CAD를 이용하여 그린 도형을 출력하기 위한 장치로서, 출력방식에 따라 기계식과 정전식이 있음.

post-processor

CAD시스템으로 만들어진 부품에 대하여, 설계해석 프로그램의 계산 결과에 따라 응력, 온도, 변형도 등을 화면에 표시하기 위한 소프트웨어나 프로그램을 말함.

precision

정밀도를 말하며, 일반적으로 소숫점 이하의 유효 숫자의 자릿수를 의미함.

pre-processor

CAD시스템에 있어서 설계 해석용 패키지의 입력형식에 맞도록 입력정보를 자동으로 재구성하는 소프트웨어나 프로그램을 말함.

primitive

도면이나 형상모델을 구성하는 가장 기본적인 도형요소를 말하며, 일반적으로 entity 또는 element라고도 함. 3차원 형상모델링의 CSG(constructive solid geometry)에서 주로 사용함.

processor
소프트웨어적인 의미로는 사용자가 작성한 프로그램을 기계어로 번역하는 언어 번역기 등을 의미하며, 하드웨어적인 의미로는 CPU(중앙연산처리장치) 등을 의미함.

program
임의의 절차에 따라 어떤 문제를 해결하기 위하여 만들어 놓은 명령어의 집합을 의미함.

prompt
CRT 화면에 표시하는 특수한 심벌, 메시지 등을 의미하며, 작업 절차나 명령어 상의 에러 등을 지시하기도 함.

property
특정의 부품 등의 규격, 성능, 색상, 가격, 생산자 등 각종 속성 정보를 말함.

puck
table, digitizer 등의 위에서 위치 정보를 입력하거나 cursor의 위치를 조절하는 데 사용되는 입력 장치를 말함.

Q

QC(Quality Control)
일정 수준 이상의 제품을 생산할 수 있도록 품질을 제어하고 관리하는 활동을 말함.

queue
실행되기를 기다리는 항목들을 말하며, 처리 우선순위는 항목들의 정돈 순서에 따라 정해짐.

R

RAM(Random Access Memory)
일반적으로 전원이 끊어지면 보관된 내용이 소멸되기 때문에 휘발성 기억소자에 해당하며, 데이터를 써 넣거나 읽어낼 수 있는 기억소자를 말함.

record

연관성이 있는 데이터들의 집합으로, 이 record들이 모여 하나의 파일(file)을 구성하게 됨.

register

CPU의 연산에 사용되는 데이터를 일시적으로 보관하는 특수기능을 가진 일종의 버퍼장치를 말하며, 주기억장치의 일부분임.

reliability

시스템의 안정성을 표시하는 정도를 의미하며, 신뢰도라도 함.

resolution

인접 요소와의 간격으로서, CRT에서는 식별이 가능한 두 점사이의 간격을 의미하며, 프린터에서는 도면을 구성하는 1인치당의 dot의 수를 의미함.

response time

사용자가 어떤 명령이나 데이터를 입력한 후, 그 결과를 받아볼 때까지의 경과시간을 말함.

restart

작업 도중 중단시켰던 프로그램을 중단된 지점에서 다시 시작하도록 하는 것을 말함.

ROM(Read Only Memory)

전원이 꺼져도 기억내용이 소멸되지 않으며, 기억된 프로그램을 지우거나 변경할 수 없는 비휘발성의 기억소자를 말함. 제어용이나 특수목적인 프로그램을 보관하기 위해 주로 사용됨.

routine

임의의 순서로 정렬하여, 기능적으로 연관성이 있는 부호화된 명령들의 집합을 말함.

S

scan

전기적 또는 광학적인 방법을 이용하여 기호나 문자 등을 식별하여, 컴퓨터가 처리할 수 있는 데이터로 구성하는 일련의 작업을 말함.

scroll

컴퓨터 화면상에 새로운 부분을 추가적으로 표시하기 위하여 기존의 화면을 특정 방향으로 이동시키는 것을 말함.

security

파일이나 데이터베이스에 허가되지 않은 다른 사용자가 접근하지 못하도록 보호하는 기능을 말함.

sequence

임의의 규칙에 따라 정보나 데이터를 연속적으로 배열한 것을 의미함.

simulation

어떤 자연현상(기계적인 공정포함)에 대한 모형(model)을 사용하여 컴퓨터로 임의의 현상을 모사하는 과정을 말함. 수식적으로 정형화된 하나의 논리적인 모델이 사용됨.

snap

cursor를 사용하여 위치를 입력하고자 할 경우, 도면이나 형상 모델상의 어떤 위치를 좌표값에 의하지 않고, 실물상의 위치나 Grid 상의 위치를 찾아가게 하는 기법을 말함.

sort

데이터 정렬에 있어서 item이나 record들을 특정한 규칙에 따라 차례로 배열하는 작업을 말함.

source

FORTRAN, PASCAL, C 등의 컴퓨터 언어로 작성한 프로그램을 의미함.

storage

floppy disk, CD, 마그네틱테이프 등과 같이 각종 데이터를 보관하는 기억매체를 말함.

stylus

명령어나 위치정보의 입력, 또는 cursor의 위치를 조정하기 위하여 사용되는 pen 모양의 위치정보 입력 기구를 말함.

sub-figure

반복적으로 사용되는 부품이나 기기 등과 같이 이용과 관리가 편리하도록 CAD시스템의 library에 보관된 형상모델을 말함.

syntax

명령어들을 작성할 때 준수해야 하는 규칙을 말함.

T

tablet

도면의 좌표 값이나 위치정보를 입력하는 소형 판을 말하며, stylus나 puck과 함께 사용된다.

tag

각각의 설계요소에 부가된 번호나 이름 등의 식별용 꼬리표를 말함.

task

처리하고자 하는 하나의 단위 업무를 말함.

terminal

네트워크, 컴퓨터 등에서 데이터를 입력하거나 그 처리 결과를 출력시키는 단말장치를 말함.

text editor

text file을 편집하거나 수정하는 데 사용되는 작업지원용 소프트웨어를 말함.

time sharing

CPU의 사용 시간을 시분할 방식으로 나누어 여러 개의 업무를 동시에 수행하는 방식을 말함. 사용자의 입장에선 보면 하나의 CPU가 여러 개의 업무를 동시에 처리하고 있는 것처럼 보임.

tool path

부품을 NC 공작기계로 가공하기 위해 작성한 공구의 이동궤적을 말함.

track ball

볼을 손으로 회전시킴으로써 cursor의 위치를 조정하는 위치정보 입력 기구를 말함.

transformation

선, 원, 삼각형, 사각형 등 임의의 도형을 회전, 이동, 축소 및 확대 등 여러 가지로 변환하는 작업을 말함.

TTL(Transistor Transistor Logic)

디지털 논리회로의 일종으로서 AND, NAND, OR, XOR gate 등을 트랜지스터를 이용하여 구성한 로직을 말함.

turnkey system

공급자가 장비설치, 하드웨어, 소프트웨어, 시험 및 사용자 교육 등을 포함한 모든 지원을 제공하는 시스템 공급방식을 말함.

U

UNIX

Bell연구소가 개발한 컴퓨터용의 범용 운영체제(OS)를 말함.

utility program

컴퓨터의 작업을 지원하는 프로그램의 집합으로서 파일을 전송하거나 library를 유지 보수하는 프로그램을 말함.

V

VAN(Value Added Network)

부가가치 통신망이라고도 하며, 통신사업자로부터 회선을 빌려, 이 회선에 컴퓨터를 접속하여 통신망을 구축하고, 공중 통신사업자가 제공하지 않는 새로운 기능(부가가치, 즉, 코드변환, 속도변환, 메시지변환 기능 등)을 사용자에게 제공하는 서비스 네트워크를 말함.

view

컴퓨터 그래픽에서 화면상에 도형이나 모델을 표시하는 창구를 말함.

virtual memory

paging이나 segmentation법을 이용하여 메모리 용량을 확장한 가상 기억공간으로서, 기억장치의 물리적인 용량보다 더 큰 용량의 주소를 지정할 수 있음.

W

wafer
원통형의 실리콘 단결정을 잘라 얇은 원판으로 만든 것을 말하며, 이 원판 상에 여러 개의 소자(저항, 콘덴서, 트랜지스터, 다이오드 등)가 적층됨.

window
화면상에 직사각형의 특정 영역을 지정하여 그 속의 도형요소만 묶어서 수정 및 삭제 등 각종 작업을 수행할 수 있도록 한 창을 말함.

wire frame model
3차원 모델의 가장 기본적인 표현방식으로서 컴퓨터 화면에 표시하고자 하는 대상물을 능선, 윤곽선, 교선 등의 특징 선을 사용하여 입체모델을 표시하는 기법을 말함.

word
일반적으로 1 워드는 32비트 또는 64비트로 구성되며, 연산이나 데이터 전송 등에서 사용되는 정보의 기본 단위를 말함.

write protect
데이터가 수록된 파일이나 데이터베이스를 수정하거나 지우지 못하도록 설치한 보안장치를 말함.

Z

zooming
화면의 확대 또는 축소 기능을 의미하며, 화면상의 특정부분 또는 화면 전체를 확대하거나 축소하는 행위를 말함.